青少年自我完善计划

青少年
环境保护知识手册

孙卫玲　赵志杰　韩　凌　主编

苏州大学出版社
Soochow University Press

图书在版编目(CIP)数据

青少年环境保护知识手册 / 孙卫玲,赵志杰,韩凌主编. —苏州: 苏州大学出版社,2016. 10 (2020.6重印)
(青少年自我完善计划)
ISBN 978-7-5672-1801-7

Ⅰ. ①青… Ⅱ. ①孙… ②赵… ③韩… Ⅲ. ①环境保护-青少年读物 Ⅳ. ①X-49

中国版本图书馆 CIP 数据核字(2016)第 228526 号

青少年环境保护知识手册

主　　编　孙卫玲　赵志杰　韩　凌
责任编辑　张　希
装帧设计　刘　俊
出版发行　苏州大学出版社
地　　址　苏州市十梓街 1 号
邮　　编　215006
电　　话　0512-67481020　65222617(传真)
网　　址　http://www.sudapress.com
印　　刷　龙口市新华林文化发展有限公司
开　　本　700 mm×1 000 mm　1/16　印张 15　字数 216 千
版　　次　2016 年 10 月第 1 版　2020 年 6 月第 5 次印刷
书　　号　ISBN 978-7-5672-1801-7
定　　价　32.00 元

目录 contents

第一部分 自然生态篇

第二部分 大气环境篇

第三部分 水环境篇

第四部分 其他环境问题篇

第五部分 环境与发展篇

 第一部分 自然生态篇 

生物圈与生态系统

什么是生物圈

生物圈是地球上最大的生态系统，是指地球上所有生态系统的统合整体。从地质学的角度来看，生物圈是结合所有生物以及它们之间关系的全球性的生态系统，包括生物与岩石圈、水圈和空气的相互作用。生物圈是一个封闭且能自我调控的系统。地球是整个宇宙中唯一已知的有生物生存的地方，一般认为，生物圈从35亿年前生命起源后演化而来，我们人类和不计其数的植物、动物等生物都生活在这个庞大而复杂的地球生态系统中。

什么是生态系统

生物与环境是一个不可分割的整体，我们把这个整体叫作生态系统。生态系统包括生产者、消费者、分解者以及非生物的物质和能量。

“生产者”主要是绿色植物，也包括一些能够合成有机物的细菌。这些生产者是生态系统的主要成分，它们通过光合作用（或者利用化学能）合成有机物，把无机环境里的能量输入生态系统中，维持着整个生态系统的稳定。

“消费者”包括了几乎所有动物和部分微生物（主要是真细菌），它们通过捕食和寄生的方式在生态系统中传递能量。

“分解者”以各种细菌和真菌为主，也包含屎壳郎、蚯蚓等腐生动物。

“非生物的物质和能量”指的是阳光、空气、水、岩石和土壤等非生物，它们是生态系统不可缺少的组成部分。

生态系统分为很多种，有森林生态系统、草原生态系统、海洋生态系统、淡水生态系统（又分为湖泊生态系统、池塘生态系统、河流生态系统等）、农田生态系统、湿地生态系统和城市生态系统等。

不同的生态系统分别有不同的功能，比如森林生态系统中，森林里的植物通过光合作用，每天都吸收大量二氧化碳并释放大量氧气，这对于维持大气中二氧化碳和氧含量的平衡具有重要意义；在下雨时，乔木层、灌木层和草本植物层能够截留一部分雨水，大大减缓雨水对地面的冲刷，最大限度地减少地表水流。另外，枯枝落叶层就像一层厚厚的海绵，能够大量吸收和贮存水分。因此，森林在涵养水源、保持水土方面起着重要作用。我们把这种作用叫作生态系统的“生态服务功能”。

生态承载力

生态承载力指的是生态系统存在着某种极限，超出这种极限，该生态系统的生态服务功能就会遭到破坏。长期以来，人类对经济发展的评价并未将环境成本（指由于使用自然资源而导致的生态系统的退化）计算在内，直到人们认识到能源、资源的过度消耗和全球变暖、气候变化之间确实存在因果关系的时候，关于生态承载力的讨论才开始多起来。

2010 年，世界自然基金会（WWF）发布的《地球生命力报告》指出，人类对自然资源的需求已经超出了生态承载力的50%。“生态足迹”是这份报告中测算的指标之一，它是指要维持一个人、地区、国家的生存所需要的地域面积。WWF 的测算显示，自 1966 年以来，人类对自然资源的需求增加了一倍，到 2030 年，人类将需要相当于两个地球的资源来满足每年的需求。因此，人类要找到一种在当前地球资源的局限下能满足日益增长的人口需要的方法，这种方法的经典表述就是可持续发展。

生态平衡

什么是生态平衡

生态平衡是指生态系统中，生物与环境之间、生物与生物之间相互作用而建立起来的动态平衡关系，是一种相对稳定的状态。生态系统能够达到生态平衡，是因为有自我调节能力，而调节能力的大小取决于组成该生态系统的生物成分的多样性。

比如，热带雨林生态系统里，生长着多种高大繁盛的树木，它们吸收阳光和雨水，通过光合作用生产供自身生长的有机物，并且释放出氧气；树干上、树底下还有丰富的藤蔓植物和附生植物，长臂猿、黑猩猩等在树冠与地面间搜寻食物，较大型哺乳动物如象、鹿、狮、豹等以叶子、落果或动物为食，地下穴居着蚁类，为清除枯落物起很大作用。整个热带雨林里，各种植物、动物的数量相对稳定，它们与阳光、雨水等自然环境之间，达到高度适应、协调和统一的状态，这种状态称为生态平衡。

生态平衡一旦遭到破坏，其后果非常严重。澳大利亚的“兔灾”就是一个典型的例子。澳大利亚本土原先没有兔子，1859 年，一个农民从英格兰带来了一群野兔，共有 24 只。他完全没有料到，他的这一举动会引发一场农业灾害。在澳大利亚，兔子几乎没有天敌，并且繁殖速度非常快，所以在极短的时间内就大量繁殖，到了 1886 年，这些兔子的后代从澳大利亚东南部出发，以平均每年 66 英里的速度向四面八方扩散。到 1907 年，兔子已扩散到了澳大利亚的东西两岸，遍布整块大陆。它们跟绵羊、牛争夺牧草，澳大利亚的畜牧业遭受了巨大的损失。澳大利亚人想了各种办法限制兔子的扩散和繁殖，筑围墙、打猎、捕捉、放毒等，办法用尽，兔灾仍然无法消除。

由于生态系统具有自我调节能力，在整个热带雨林遭遇气候的轻微变化或者一定程度的人类活动干扰时，能够依靠自我调节能力重新达到生态平衡。但是，在遇到极端气候骤变或者人类活动的过度干预(比如澳大利亚的兔灾)时，其自我调节能力极可能受到破坏，从而难以再靠自身达到生态平衡状态。

对整个地球生态系统而言，地球上所有的物种(包括人类)和它们生存的环境达到平衡、可持续发展的状态，就是生态平衡。

地球的生态平衡要求人与自然和谐相处

在古代，人类和自然是不平等的关系，人类是弱者，处处受到大自然的限制却无力改变自然。随着工业时代的来临，人类科学技术水平的不断提高，使人与自然的关系发生了逆转，人成了强者，而“温和的自然”却成了容易受伤的对象。大规模的能源消耗影响了地球气候，人类活动破坏了大量的地球森林和湿地资源……于是，生态平衡遭到破坏的大自然，产生各种各样的灾害“报复”人类，生活在环境恶化的世界里，人类自身也受到了严重的惩罚。要想改变这种状况，人类就必须保护自然，不让它继续恶化，寻求可持续发展，因为保护环境就是保护人类自身——这是人类经历工业化、在自信心极端膨胀之后达成的可贵共识。

自然灾害

什么是自然灾害

自然灾害通常是指能造成灾难性后果的自然事件或力量，如雪崩、地震、水灾、森林火灾、飓风、雷击、龙卷风、海啸和火山爆发等。

自然灾害现象

我们赖以生存的大自然存在很多自然灾害现象，电视和报纸上都有所报道，根据性质可以分为以下六类。

地质灾害

地质作用所产生的灾害，如火山灾害、地震、泥石流、山崩。

气象灾害

短时间的大气物理过程产生的灾害，如雨灾（对流雨、锋面雨）、风灾（热带气旋、龙卷风）、雪灾（暴风雪、雪崩）、雷击。

气候灾害

气候异常所产生的灾害，如全球变暖、热浪、旱灾等。

生态灾害

由于生态系统平衡改变所带来的各种始料未及的不良后果，如沙尘暴、火灾（森林大火）等。

天文灾害

流星体或小行星撞击地球，太阳风暴灾害。

水文灾害

如洪灾等。

常见的四种自然灾害现象

● 洪水 ●

当一地长期降雨或其他原因导致山洪暴发，或使江、河、湖、海所含水体水量迅猛增加，水位急剧上涨超过常规水位时的自然现象，叫作洪水；由此造成的灾害，叫作洪水灾害，简称“洪灾”。

洪水过后

洪水对人类社会有多方面的危害。例如,直接造成人畜伤亡;冲毁或淹没建筑物与人类财产;破坏铁路、公路、通信线路与其他工程设施;使农作物与经济作物歉收或绝收,土质恶化;使工农业生产以及其他人类活动中断;导致某些疾病的流行;诱发某些次生灾害,如崩塌、滑坡、泥石流等地质灾害,病虫害等农林灾害。

层状火山

火山

火山是常见的地质现象。地壳之下100至150千米处,有一个"液态区",区内存在着高温、高压下含气体挥发成分的熔融状硅酸盐物质,即岩浆。它一旦从地壳薄弱的地段冲出地表,就形成了火山。火山分为"活火山""死火山"和"休眠火山"。火山是炽热地心的窗口,地球上最具爆发性的力量,爆发时能喷出多种物质。

盾状火山

火山在形态上有多种不同的类型:层状火山,其外观多为优美、对称的锥形,是由无数熔岩流不断堆积形成的;盾状火山,具有宽广缓和的斜坡,整体看来就像是一个盾牌,此种火山通常由玄武岩岩浆构成,流动性高,故能够分布在很大的区域,并形成宽广的山形;火山穹丘,又名熔岩穹丘,常见于火山口内或火

火山穹丘

山的侧翼，是一种圆顶状的突起，看起来类似某些植物的球根，火山穹丘是由高黏度的熔岩形成的，由于其黏度太高，不能从火山口远流，在火山口上及其附近冷却凝固；火山渣锥，是指由火成岩屑或火山渣（火山的喷出物质）在火山口周围堆积而成的山丘，大多数的火山渣锥都很耐侵蚀，因为落到锥上的降雨渗入高渗水性的火山渣里，对其表面具有较少的侵蚀作用。

地震

地震又称地动、地振动，是地壳快速释放能量过程中造成振动的一种自然现象，期间会产生地震波。地球上板块与板块之间相互挤压碰撞，造成板块边沿及板块内部产生错动和破裂，是引起地面震动的主要原因。

地震按震级大小可划分为以下几类：

① 弱震：震级小于 3 级，如果震源不是很浅，这种地震人们一般不易觉察。

② 有感地震：震级 3 ~ 4.5 级，这种地震人们能够感觉到，但一般不会造成破坏。

汶川地震造成的破坏

③ 中强震：震级大于 4.5 级、小于 6 级，属于可造成破坏的地震，但破坏轻重还与震源深度、震中距等多种因素有关。

④ 强震：震级等于或大于 6 级，其中震级大于等于 8 级的又称为巨大地震，如 5·12 汶川大地震。

动物是观察地震前兆的“活仪器”，它们往往在震前出现各种反常行为，向人们预示灾难的临近。最常见的动物异常现象有：

① 惊恐反应，如大牲畜不进圈，狗狂吠，鸟或昆虫惊飞、非正常群迁等。

② 抑制型异常，如行为变得迟缓，发呆发痴、不知所措，或不肯进食等。

③ 生活习性变化，如冬眠的蛇出洞，老鼠白天活动不怕人，大批青蛙上岸活动等。

避震小知识

震时应就近躲避，震后迅速撤离到安全的地方。因为震时预警时间很短，人又往往无法自主行动，再加之门窗变形等，从室内跑出十分困难，如果是在高楼里，跑出来更几乎是不可能的。但若在平房里，发现预警现象早，室外比较空旷，则可力争跑出避险。

要躲在室内结实、不易倾倒、能掩护身体的物体下或物体旁，开间小、有支撑的地方；室外应远离建筑物，待在开阔、安全的地方。趴下，使身体重心降到最低，脸朝下，不要压住口鼻，以利呼吸；蹲下或坐下时尽量蜷曲身体；抓住身边牢固的物体，以防摔倒或因身体移位而暴露在坚实物体外而受伤。低头，用手护住头部和后颈，有可能时，用身边的物品，如枕头、被褥等顶在头上以保护头颈部；低头、闭眼，以防异物伤害眼睛；有条件时可用湿毛巾捂住口、鼻，以防灰土、毒气。不要随便点明火，因为空气中可能有易燃、易爆气体充溢。要避开人流，不要乱挤乱拥。

● 干旱 ●

干旱通常指淡水总量过少，不能满足人的生存和经济发展的气候现象，一般是长期的现象。从古至今，干旱都是人类面临的主要自然灾害。即使在科学技术如此发达的今天，它造成的灾难性后果仍然比比皆是。尤其值得注意的是，随着经济发展和人口膨胀，水资源短缺现象日趋严重，这也直接导致了干旱范围的扩大与干旱化程度的加重，干旱化趋势已成为全球关注的问题。干旱包括：

① 气象干旱，不正常的干燥天气时期，持续缺水足以影响区域并导致严重水文不平衡。

② 农业干旱，降水量不足的气候变化，对作物产量或牧场产量足以产生不利影响。

③ 水文干旱，河流、水库、地下水含水层、湖泊和土壤中的含水率低于平均含水量的时期。

国家标准《气象干旱等级》中将干旱划分为五个等级，并评定了不同等级的干旱对农业和生态环境的影响程度：

① 无旱，正常或湿涝，特点为降水正常或较常年偏多，地表湿润。

② 轻旱，特点为降水较常年偏少，地表空气干燥，土壤出现水分轻度不足，对农作物有轻微影响。

③ 中旱，特点为降水持续较常年偏少，土壤表面干燥，土壤出现水分不足，地表植物叶片白天有萎蔫现象，对农作物和生态环境造成一定影响。

④ 重旱，特点为土壤出现水分持续严重不足，土壤出现较厚的干土层，植物萎蔫、叶片干枯，果实脱落，对农作物和生态环境造成较严重影响，对工业生产、人畜饮水产生一定影响。

⑤ 特旱，特点为土壤出现水分长时间严重不足，地表植物干枯、死亡，对农作物和生态环境造成严重影响，工业生产、人畜饮水产生较大影响。

生物多样性

什么是生物多样性

生物多样性，是指在一定时间、一定地区内所有生物（动物、植物、微生物）物种及其遗传变异和生态系统复杂性的总称。它包括遗传(基因)多样性、物种多样性、生态系统多样性和景观生物多样性四个层次。

遗传多样性

遗传多样性是生物多样性的重要组成部分。广义的遗传多样性是指地球上生物所携带的各种遗传信息的总和。这些遗传信息储存在生物个体的基因之中。因此,遗传多样性也就是生物遗传基因的多样性。任何一个物种或一个生物个体都保存着大量的遗传基因,因此,可被看作是一个基因库。一个物种所包含的基因越丰富,它对环境的适应能力就越强。基因的多样性是生命进化和物种分化的基础。

狭义的遗传多样性主要是指生物种内基因的变化,包括种内、显著不同的种群之间以及同一种群内的遗传变异。此外,遗传多样性可以表现在多个层次上,如分子、细胞、个体等。在自然界中,对于绝大多数有性生殖的物种而言,种群内的个体之间往往没有完全一致的基因型,而种群就是由这些具有不同遗传结构的多个个体组成的。

物种多样性

物种多样性是指地球上动物、植物、微生物等生物种类的丰富程度。物种多样性包括两个方面:其一是指一定区域内的物种丰富程度,可称为区域物种多样性;其二是指生态学方面物种

在一个草地生态系统内

分布的均匀程度，可称为生态多样性或群落物种多样性。物种多样性是衡量一定地区生物资源丰富程度的客观指标。

在阐述一个国家或地区生物多样性丰富程度时，最常用的指标是区域物种多样性。区域物种多样性的测量有以下三个指标：① 物种总数，即特定区域内所拥有的特定类群的物种数目；② 物种密度，指单位面积内的特定类群的物种数目；③ 特有种比例，指在一定区域内某个特定类群特有种占该地区物种总数的比例。

生态系统多样性

生态系统多样性主要是指地球上生态系统组成、功能的多样性以及各种生态过程的多样性，包括生物环境多样性、生物群落多样性和生态过程多样性等几个方面。其中，生境的多样性是生态系统多样性形成的基础，生物群落多样性可以反映生态系统类型的多样性。

在一个区域景观内

景观生物多样性

景观是一种大尺度的空间，是由一些相互作用的景观要素组成的具有高度空间异质性的区域。景观要素是组成景观的基本单元，相当于一个生态系统。景观生物多样性是指由不同类型的景观要素或生态系统构成的景观在空间结构、功能机制和时间动态方面的多样化程度。

生物多样性的价值

● 生物多样性的直接价值(可直接转化为经济效益)●

消耗性利用价值

指直接消耗性的(即不经市场交易的)自然产品的价值。如农民上山砍柴、猎取野物、种植蔬菜、饲养家禽等。在封建社会,自给自足的小农经济大多利用这部分价值。

生产性利用价值

通过商业性收获供市场交换产品的价值。这类生物资源产品的生产性利用,如木材、鱼、动物皮、药物、纤维、橡胶、建筑材料、果品、染料等,对国民经济有重大作用。

● 生物多样性的间接价值(不直接转化为经济效益)●

非消耗性利用价值

① 为生物多样性的消耗性利用价值和生产性利用价值提供支持系统;② 对生态系统中种间基因流动和协同进化的贡献;③ 在调节气候和物质循环方面的贡献;④ 在美学、社会文化、科学、教育、精神及历史等方面的价值也相当大,全世界,每年自然观光性质的旅游业仅税收一项就超过120亿美元。

选择价值

指那些潜在的、未被人们认识的价值。随着时间的推移,生物多样性的最大价值还在于人为提供适应当地和全球变化的机会。人们在将来会遇到意想不到的挑战,有些物种现在看来毫无用途,也许将来某一天却能帮助人类免于饥荒,祛除疾病。特别是由于环境不断受到破坏,现在的经济作物将适应不了恶劣的环境,这意味着人们要另谋出路。为给将来的人们保留更多的选择和机会,全社会可能愿意为此付出代价。

存在价值

指其伦理学和哲学的价值。比如发达国家的一些人,希望子孙后代可从这些物种的存在中得到一些利益。

生物多样性保护的严重性

地球已知有200多万种生物,这些形形色色的生物物种就构成了生物物种的多样性。

全世界目前有3.4万种植物和5200多种动物濒临灭绝。自然状态下,平均每2000年有一种鸟类灭绝,每8000年有一种哺乳动物灭绝。而现在,在人类活动的影响下,平均每2年有一种鸟类灭绝,每1.2年有一种哺乳动物灭绝。

生物多样性的保护措施

就地保护

为了保护生物多样性,把包含保护对象在内的一定面积的陆地或水体划分出来,进行保护和管理。比如,建立自然保护区实行就地保护。自然保护区是有代表性的自然系统、珍稀濒危野生动植物种的天然分布区,包括自然遗迹、陆地、陆地水体、海域等不同类型的生态系统。自然保护区还具备科学研究、科普宣传、生态旅游的重要功能,是对生物多样性最有效的保护。

四川卧龙大熊猫自然保护区

迁地保护

迁地保护是在生物多样性分布的异地,通过建立动物园、植物园、树木园、野生动物园、种子库、基因库、水族馆等不同形式的保护设施,对那些比较珍贵并具有观赏价值的物种或其基因实施人工辅助的保护。迁地保护的目的只是使即将灭绝的物种找到一个暂时生存的空间，待其元气得到恢复、具备自然生存能力的时候，还是要让被保护者重新回归生态系统中。

建立基因库

目前，人类已经开始建立基因库来实现保存物种的愿望。比如，为了保护作物的栽培种及其会灭绝的野生亲缘种，建立全球性的基因库网。大多数基因库贮藏着谷类、薯类和豆类等主要农作物的种子。

动物园

植物组织培养

构建法律体系

人类还需运用法律手段，完善相关法律制度，来保护生物多样性。比如，加强对外来物种引入的评估和审批，实现统一监督管理；建立基金制度，保证国家专门拨款；争取个人、社会和国际组织的捐款和援助，为实践工作的开展提供强有力的经济支持，等等。

国际生物多样性日

生物多样性公约于 1992 年 6 月 5 日在联合国所召开的里约热内卢世界环境与发展大会上正式通过，并于 1993 年 12 月 29 日起生效（因此该日被定为国际生物多样性日），2001 年根据第 55 届联合国大会第 201 号决议，国际生物多样性日由原来的每年 12 月 29 日改为 5 月 22 日。

历年主题

2001 年：生物多样性与外来入侵物种管理

2002 年：林业生物多样性

2003 年：生物多样性和减贫——对可持续发展的挑战

2004 年：生物多样性——全人类食物、水和健康的保障

2005 年：生物多样性——变化世界的生命保障

2006 年：保护干旱地区的生物多样性

2007 年：生物多样性与气候变化

2008 年：生物多样性与农业——保护生物多样性，确保世界粮食安全

2009 年：外来入侵物种——保护生物多样性，防止外来物种入侵

2010 年：生物多样性就是生命，生物多样性也是我们的生命

2011 年：森林生物多样性

2012 年：海洋生物多样性

2013 年：水和生物多样性

2014 年：岛屿生物多样性

2015 年：生物多样性促进可持续发展

2016 年：将生物多样性纳入主流，维护人民及其生计

国际生物多样性日徽章
(2014年5月22日)

中国的生物多样性

在生态系统多样性方面，中国具有地球陆地生态系统的各种类型，其中森林类型 212 类、竹林 36 类、灌丛 113 类、草甸 77 类、荒漠 52 类。中国淡水生态系统复杂，自然湿地有沼泽湿地、近

海与海岸湿地、河滨湿地和湖泊湿地等4大类。近海海域有黄海、东海、南海和黑潮流域4个大海洋生态系统，分布滨海湿地、红树林、珊瑚礁、河口、海湾、泻湖、岛屿、上升流、海草床等典型海洋生态系统，以及海底古森林、海蚀与海积地貌等自然景观和自然遗迹。还有农田生态系统、人工林生态系统、人工湿地生态系统、人工草地生态系统和城市生态系统等人工生态系统。

在物种多样性方面，中国拥有高等植物34792种，其中苔藓植物2572种、蕨类2273种、裸子植物244种、被子植物29703种。此外，几乎拥有温带的全部木本属。中国约有脊椎动物7516种，其中哺乳类562种、鸟类1269种、爬行类403种、两栖类346种、鱼类4936种。列入国家重点保护野生动物名录的珍稀濒危野生动物共420种，大熊猫、朱鹮、金丝猴、华南虎、扬子鳄等数百种动物为中国所特有。已查明真菌种类10000多种。

在遗传资源多样性方面，中国有栽培作物528类1339个栽培种，经济树种达1000种以上，中国原产的观赏植物种类达7000种，家养动物576个品种。

珍稀保护动植物

中国一级保护动物

大熊猫（大熊猫科）

大熊猫

大熊猫（又名大猫熊），分布于中国的四川、陕西、甘肃。中国特有种，野生数量不足1000只，人工饲养约100只。

大熊猫栖居于海拔2000～3500米的高山竹林中。独居，昼夜均有活动和休息，无定居。视、听觉较差，嗅觉尚好，体态笨拙，善攀爬，会游泳。以竹叶、竹笋、竹竿等为食，偶食小动物、鸟卵。为中国一级保护动物。被列入濒危野生动植物种国际贸易公约附录。

熊猴(猴科)

熊猴

熊猴个体略大于猕猴,其憨态可掬,体胖如熊,性情粗暴,故名熊猴。与一般灵长类不同,熊猴的皮下脂肪较多,抗寒能力也比其他猴类要强。体毛蓬松呈棕黄色,面部为肉红色。与猕猴相比,其头大、面长、吻部突出。头顶具“发旋”,从中间向四周发散,头、颈毛发为淡黄色,体毛稍具光泽,臀部周围多毛。尾下垂,其长近体长的一半,毛稀呈褐色。

熊猴栖息于热带、亚热带高山森林。为昼行性动物,杂食,多以20~30只结群。啼声有如犬吠且略带哑声,性情不似猕猴活跃,但遇险逃遁的速度十分迅捷。产于云南、广西、西藏、贵州等地。属中国一级保护动物。

台湾猴(猴科)

台湾猴

台湾猴体型与猕猴相似,体毛多为蓝灰石板色或灰褐色,面部呈肉红色。额部裸露无毛,颜色灰黄,头部圆且具厚毛,两颊密生浓须,顶毛向后披,手足均为黑色,故又名黑肢猴。尾基部为橄榄色,其端部为灰色,尾中部具有明显的黑色条纹。

台湾猴为中国特有种,栖息于岩壁和山林之中,为半地栖动物,取食各种野果、树叶、昆虫,有时也盗食农家的谷物和瓜果。多结成一雄多雌的家族群,以一体魄强壮的成年雄性作为首领。产于台湾省的南部和中部。属中国一级保护动物。

貂熊

貂熊(鼬科)

貂熊外形介于熊与貂之间,体长80~100厘米,体重8~14千克,尾长18厘米左右。头大耳小，背部弯曲，四肢短健，弯而长的爪不能伸缩，尾毛蓬松。身体两侧有一浅棕色横带，从肩部开始至尾基汇合，状似“月牙”，故有“月熊”之称。

貂熊为寒温带动物，除繁殖期外，多单独活动，活动范围广，溪流、河谷、林带以上的冻土及裸岩都有它的足迹。无固定巢穴，洞穴多有两个出口，便于遇险逃遁。属夜行性动物。貂熊生性机警，行动隐蔽，善游泳、攀爬，可在密林中自由跳蹿，故又名“飞熊”。食胜杂，包括有蹄类、啮齿类、鸟类及林木浆果等。有半冬眠的习惯。繁殖时筑巢于树洞、悬崖、石缝中，现已处于濒危状况，应加以严格保护。

貂熊产于黑龙江、内蒙古的大兴安岭以及新疆部分地区。属中国一级保护动物。

雪豹（猫科）

雪豹体型与豹相似，体重50千克左右，体长1～1.3米，尾长近1米。体色较淡，全身呈灰白色，毛长密而柔软，布有不规则的黑环或黑斑。其头部较小，前额隆起，鬃毛粗硬且长，黑白两色相间。尾粗而长，具有蓬松浓密的毛。四肢粗短强壮，前足较后足更为发达。

雪豹

雪豹属于高山性动物，终年栖息雪线附近，为栖居海拔最高的猫科动物之一。主要生境为高山裸岩、高山草甸及高山灌丛等三种类型。雪豹昼伏夜出，每日清晨及黄昏为捕食、活动的高峰时间。捕食以猫科动物特有的伏击式猎杀为主，辅以短距离快速追杀。捕食各种野羊，或以旱獭充饥。有时也袭击牦牛群、咬倒掉队的牛犊。有相对固定的居住地点，育幼期多利用天然洞穴。

雪豹分布在青海、甘肃、新疆、西藏、四川和内蒙古等省区。属中国一级保护动物。

白鳍豚（喙豚科）

白鳍豚

白鳍豚是一种类似海豚而生活于江湖中的淡水哺乳动物，身体呈纺锤形，全身皮肤裸露无毛，具长吻，眼小而退化；声呐系统特别灵敏，能在水中探测和识别物体。背鳍呈钝三角形，鳍肢与尾鳍均向水平方向平展。体背部青灰色，腹部白色，新生幼兽的体色比成体深。雌体腹部生殖裂两侧各有一个乳裂，雄体肛门前方有一个盲状小孔。截至目前，已发现的最大雌性个体长253厘米，重237千克；最大雄性个体长216厘米，重125千克。

白鳍豚生活于长江中下游附近多沙洲、边滩并有大、小支流与干流相连的地段。喜欢群居，对水文条件要求较高，以鱼类为食。白鳍豚种群数量很小，为中国特有的珍稀水生兽类，亟待加强保护。

白鳍豚产于长江中下游湖北、安徽、江苏段的干流之中。属中国一级保护动物。

中国一级保护植物

由于人类对自然环境和植物资源的干扰和破坏，植物物种灭绝的速度急剧加快。中国特有的单属植物，系第三纪古热带植物区系的孑遗种，分为几种级别。

在中国3万余种植物中，属于国家一级保护植物的有8种。

水杉：杉科落叶大乔木，为中国珍贵孑遗树种之一，被世界生物界誉为活化石，产于四川万县、湖北利川、湖南龙山与桑植一带。

桫椤：木本蕨类植物，又称“树厥”，既是观赏植物又是经济树种，产于中国南方诸省。

银杉：松科常绿乔木，为中国特有的孑遗树种，树史达1000万年以上，在第三纪晚期的冰川活动中几乎灭绝，仅在地处低纬度的中国西南残存,20 世纪 50 年代被发现。

珙桐:珙桐科落叶乔木,亦称“水梨子”,是驰名世界的观赏树,仅产于湖北兴山县。因珙桐育苗难,成活率低,很难移植,因而正日趋减少。

金花茶:山茶科小乔木,为中国最珍贵的观赏植物之一。它不仅有绚丽悦目的花朵,其叶还是高级茶科并能入药。仅产于广西邕宁、东兴等地,尚不可移植。

人参:五加科多年生草本植物,名贵药材,仅产于中国东北和朝鲜北部,栽植技术要求高,是有名的经济植物。

秃杉:杉科常绿大乔木,是中国最有名的建材树种之一。其木质轻软且密,纹理顺直,产于云南、贵州等地及缅甸北部,但稀少罕见。

望天树:龙脑香料常绿大乔木。顾名思义它有望天之功,树高可达 70 余米,是世界上最好的船舶、车辆用材的树种,独产于中国西双版纳的原始森林。

珍稀动植物保护

为了保护自然和自然资源,特别是保护珍贵稀有的动植物资源,保护代表不同自然地带的自然环境和生态系统,世界各个国家和地区纷纷建立自然保护区。

中国的自然保护区建设始于 20 世纪 50 年代,经过近 50 年的努力,至 2015 年年底,全国共建立各种类型、不同级别的自然保护区 2740 个,总面积约 14703 万公顷;其中陆地面积约 14247 万公顷,占全国陆地面积的 14.8%。从 1995 年开始,分别开展了针对野生动植物资源和湿地资源的调查;对大熊猫、丹顶鹤、扬子鳄等多种濒危珍稀动物进行分布、数量、生态和人工繁殖利用研究;开展了生态系统演变趋势研究和被破坏的生态系统的恢复研究。

世界自然文化遗产

《保护世界文化和自然遗产公约》规定，属于下列各类内容之一者，可列为自然遗产：

① 从美学或科学角度看，具有突出、普遍价值的由地质和生物结构或这类结构群组成的自然面貌；

② 从科学或保护角度看，具有突出、普遍价值的地质和自然地理结构以及明确划定的濒危动植物物种生态区；

③ 从科学、保护或自然美角度看，具有突出、普遍价值的天然名胜或明确划定的自然地带。

● 世界遗产 ●

世界遗产又译世界袭产，是一项由联合国支持、联合国教育科学文化组织负责执行的国际公约建制，以保存对全世界人类都具有杰出普遍性价值的自然或文化处所为目的。

世界遗产分为自然遗产、文化遗产和文化与自然双重遗产三大类。国际文化纪念物与历史场所委员会等非政府组织作为联合国教科文组织的协力组织，参与世界遗产的甄选、管理与保护工作。

世界遗产标志

方形代表人类创造的形式，圆形代表自然，图案呈圆形象征全世界，同时也象征着全球对人类的共同遗产进行保护。

● 文化遗产 ●

《保护世界文化和自然遗产公约》规定，属于下列各类内容之一者，可列为文化遗产：

① 文物，从历史、艺术或科学角度看，具有

突出、普遍价值的建筑物、雕刻和绘画，具有考古意义的成分或结构，铭文、洞穴、住区及各类文物的综合体；

② 建筑群，从历史、艺术或科学角度看，因其建筑的形式、同一性及其在景观中的地位，具有突出、普遍价值的单独或相互联系的建筑群；

③ 遗址，从历史、美学、人种学或人类学角度看，具有突出、普遍价值的人造工程或人与自然的共同杰作以及考古遗址地带。

武陵源风景名胜区

文化与自然双重遗产

文化与自然双重遗产或称为文化遗产与自然遗产混合体，必须分别符合前文关于文化遗产和自然遗产的评定标准中的一项或几项。

中国的世界自然文化遗产

作为著名的文明古国，中国自 1985 年加入世界遗产公约，至 2016 年 7 月，共有 50 个项目被联合国教科文组织列入《世界遗产名录》，其中世界文化遗产 32 处，世界自然遗产 11 处，世界文化和自然遗产 4 处，世界文化景观遗产 3 处，遗产数目列世界第二。

世界文化遗产（32 处）

周口店北京人遗址（1987 年）

甘肃敦煌莫高窟（1987 年）

长城（1987 年）

西安秦始皇陵及兵马俑坑(1987 年)
北京故宫(1987 年)
武当山古建筑群(1994 年)
曲阜孔庙、孔林、孔府(1994 年)
承德避暑山庄及周围寺庙(1994 年)
布达拉宫(大昭寺、罗布林卡)(1994 年)
苏州古典园林(1997 年)
山西平遥古城(1997 年)
云南丽江古城(1997 年)
北京天坛(1998 年)
北京颐和园(1998 年)
重庆大足石刻(1999 年)
皖南古村落西递、宏村(2000 年)
明清皇家陵寝(2000 年,2003 年,2004 年)
河南洛阳龙门石窟(2000 年)
四川青城山和都江堰(2000 年)
大同云冈石窟(2001 年)
高句丽王城、王陵及贵族墓葬(2004 年)
澳门历史城区(2005 年)
安阳殷墟(2006 年)
开平碉楼与村落(2008 年)
福建土楼(2008 年)
河南登封天地之中古建筑群(2010 年)
元上都遗址(2012 年)
云南红河哈尼梯田(2013 年)
中国大运河(2014 年)
丝绸之路(起始段到天山廊道路网)(2014 年)
中国土司遗址(2015 年)
左江花山岩画文化景观(2016 年)

● 世界自然遗产(11 处) ●

四川九寨沟(1992 年)
四川黄龙(1992 年)
湖南武陵源(1992 年)
云南三江并流(2003 年)
四川大熊猫栖息地(2006 年)
中国南方喀斯特(2007 年)
江西三清山(2008 年)
中国丹霞(2010 年)
中国澄江化石地(2012 年)
中国新疆天山(2013 年)
湖北神农架(2016 年)

● 世界文化与自然遗产(4 处) ●

山东泰山(1987 年)
安徽黄山(1990 年)
四川峨眉山—乐山大佛(1996 年)
福建武夷山(1999 年)

● 世界文化景观遗产(3 处) ●

江西庐山(1996 年)
山西五台山(2009 年)
杭州西湖文化景观(2011 年)

世界自然文化遗产的开发和保护

为了进一步加强保护与管理,取得各国政府的重视与支持,联合国教科文组织 1972 年在巴黎总部举行的第 17 届大会通过了《保护世界文化和自然遗产公约》,强调文化和自然遗产具有“突出的普遍价值”,是人类共同的财富。这些共同遗产的保护不仅与个别国家有关,而且与全人类相关。文化和自然遗产的确定、保护、保存、展出和遗传后代，主要是国家的责任。

中国南方喀斯特地貌

世界遗产公约是联合国教科文组织在全球范围内制定和实施的具有深远影响的国际准则性文件，其宗旨是促进世界各国人民之间的合作和相互支持，为保护人类共同遗产做出积极的贡献。它从通过之日起，就得到世界各国政府的广泛响应，目前已有167个国家和地区签署了这一国际法律文书。

中国政府对文化和自然遗产的保护一贯十分重视，并积极支持和参与联合国教科文组织和世界遗产委员会关于保护世界文化和自然遗产的活动。早在1985年11月，第六届全国人民代表大会常务委员会第十三次会议就批准了世界遗产公约，成为该公约的第89个缔约国，并于1992年、1993年和1994年进入世界遗产委员会主席团，在保护世界遗产中发挥着重要的作用。中国是屹立于世界东方的文明古国，文化和自然遗产都十分丰富，迄今已有50处文化和自然遗产列入联合国教科文组织的《世界遗产名录》，在缔约国中位列第二。

中国文化和自然遗产的精华大多分布在重点风景名胜区、历史文化名城、文物保护单位、自然保护区、地质公园和森林公园。随着社会文明程度的提高，人们对世界遗产的申报和保护意识正在增强。但是也要看到，随着旅游业的迅猛发展，过度的商业化开发使文化和自然遗产正在遭受大规模破坏。早在1998年，中国社科院环境和发展研究中心就写过“国家风景名胜区不宜上市经营”的报告，引起了中央领导和全国人大环境与资源委员会的高度重视，有关部门和领导 1999 年做出了暂停国家风景名胜区上市的决定。

根据我们对《保护世界文化和自然遗产公约》的理解，保护、保存是介绍、利用遗产的前提，也是世界遗产传承、永续利用的基础。“利用”主要是利用其价值，如利用其科学价值进行科研、科教、科考活动，利用其美学价值进行游览、观赏，利用其文化价值进行考察和传播历史文化知识。遗产利用的性质主要是精神与科教功能，而不是经济开发功能。用经济开发区的概念、政策去开发利用遗产地，势必导致遗产地的人工化、商业化和城市化，使风景区遗产地遭受到严重破坏。因此，对遗产地的保护、利用、规划和管理，都必须有文化、建设、宗教、林业、园林、旅游等方面的专家参与，必须坚持“保护第一，利用审慎”，才不致使遗产成遗物、遗憾，才能实现遗产旅游的可持续发展。列入《世界遗产名录》，获得的不仅是世界遗产的光环，更是沉甸甸的责任。

自然保护区

什么是自然保护区

自然保护区是指对有代表性的自然生态系统、珍稀濒危野生动植物物种的天然集中分布、有特殊意义的自然遗迹等保护对象所在的陆地、陆地水域或海域，依法划出一定面积予以特殊保护和管理的区域。

自然保护区是一个泛称，实际上，由于建立的目的、要求和本身所具备的条件不同，而有多种类型。按照保护的主要对象来划分，自然保护区可以分为生态系统类型保护区、生物物种保护区和自然遗迹保护区三类；按照保护区的性质来划分，自然保护区可以分为科研保护区、国家公园（即风景名胜区）、管理区和资源管理保护区四类。

中国自然保护区的现状

近年来,中国自然保护区事业得到迅速发展,在数量上已具有相当的规模。中国自然保护区事业发展迅速,根据国家环境保护部2016年颁布的《中国环境状况公报》,截至2015年年底,全国共建立各种类型、不同级别的自然保护区2740个,总面积约14703万公顷;其中陆地面积约14247万公顷,占全国陆地面积的14.8%。国家级自然保护区428个,面积9649万公顷,约占国土面积的10.0%。全国现有森林面积2.08亿公顷,森林覆盖率21.63%,活立木总蓄积164.33亿立方米;草原面积近4亿公顷,约占国土面积的41.7%。

虽然中国自然保护区建设已初具规模,但不管是在数量上、质量上还是在面积上,都与发达国家仍有一定的差距。特别是用人均自然保护区的面积计算,水平还是很低的。所以,在保护区的建设上面,仍然要继续努力。

中国自然保护区类型丰富,早期的自然保护区大多以森林和野生动物类型为主,但近年来发展了一批草原生态系统、沙漠生态系统、湿地生态系统、高山生态系统、海洋生态系统、地质地貌等类型的保护区,让我国90%的陆地生态系统,45%的天然湿地,85%以上的珍稀野生动植物物种,特别是65%的珍稀濒危野生动植物的野外种群,都依靠自然保护区得到有效保护。目前中国自然环境最纯净、自然遗产最珍贵、自然景观最优美、生物多样性最丰富、生态功能最重要的区域,都存在于自然保护区中,保护区类型完善。

中国自然保护区遍布全国,已建立的自然保护区按其保护价值和重要程度分为国家级和地方级,地方级又分为省(市、自治区)级、地(市)级和县级。国家级自然保护区需要国务院批准,地方级自然保护区由同级人民政府批准。目前中国30个省(市、自治区)都程度不同、数量不等地建立了自然保护区。有些省份保护区数已超过50个,如海南省、云南省、广西壮族自治区等;在面积上,好几个省份的都超过了1万平方公里,如广西壮族自治区、云南省、新疆维吾尔自治区等，其中新疆维吾尔自治区的保护区面积更是超过了10万平方公里。现在无论是在沿海和热带、亚热带的森林植被区域，还是在高原、荒漠和草原区域，都建立起了若干自然保护区。全国自然保护区网已初步形成。

● 中国第一个内陆荒漠自然保护区——博格达自然保护区 ●

博格达自然保护区

该自然保护区位于新疆维吾尔自治区，由天池自然保护区和中国科学院阜康荒漠生态区两部分组成。自上而下有冰雪带、高山植被带、森林带、草原带、荒漠草原及荒漠，组成了一个干旱区荒漠生态系统的多样性保护区。这个保护区是中国第一个参加联合国“人与生物圈”自然保护区网的内陆荒漠地区的自然保护区。

● 中国最大高寒草原及湿地保护区——三江源自然保护区 ●

三江（长江、黄河、澜沧江）源保护区位于藏北高原。藏北高原藏语称“羌塘”或“章塘”，意为北方高地。它大致位于昆仑山和雅鲁藏布江谷地之间。东西长2000千米，南北宽700千米，平均海拔4500～5000米。高原上生物资源丰富。它是中国面积最大、地势最高的高寒草原，是青藏高原的核心，也是中国最大的湿地自然保护区。

三江源自然保护区

大熊猫自然保护区——四川卧龙自然保护区

四川卧龙自然保护区

卧龙自然保护区是大熊猫的主要产地,它位于岷江上游四川汶川县境内,面积20万平方千米,海拔1150～6250米之间。现已被列为联合国“人与生物圈”自然保护区网,成为大熊猫研究中心。

中国唯一的冰川森林公园——贡嘎山东坡的海螺沟

海螺沟冰川森林公园

海螺沟位于四川省泸定县境内,景色中最为壮观的是位于冰川上部的大冰瀑布。这个宽1100米,落差1080米,由无数巨大冰块组成的瀑布,仅次于落差1100米的加拿大国家冰川公园的冰瀑布,而名列世界第二。在距离冰川几千米的地方,有多处的温泉、热泉和沸泉。沸泉水温高达90℃,可以沏茶和煮鸡蛋。除此之外,莽莽苍苍的原始森林也是公园的一绝。黛绿色的密林里,蕴藏着250多种从亚热带到寒带的野生植物;同时还栖息着40多种动物,其中有属于国家保护的珍稀动物小熊猫、白唇鹿等28种。这里一年四季可以旅游,最佳是春秋两季。

中国建立的第一个草地类自然保护区——锡林郭勒草原

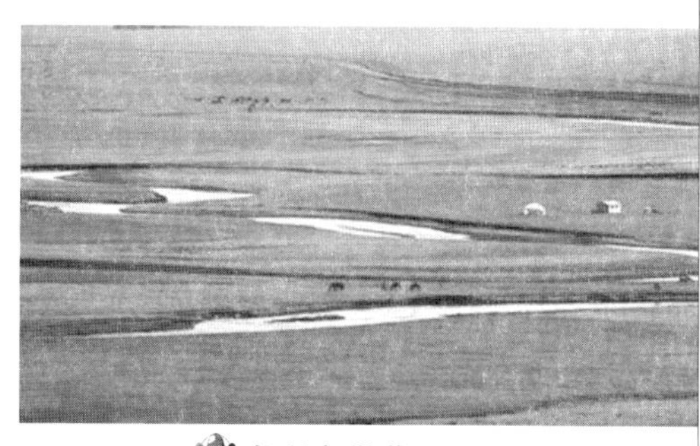
锡林郭勒草原

锡林郭勒草原自然保护区位于内蒙古自治区东北部的锡

林浩特市境内，这里是欧亚大陆中温带典型草原保存较好的地区，是典型草原的代表。1987 年被批准加入国际生物圈保护网，成为举世瞩目的一块绿色宝地。

中国最大的蛇类自然保护区——蛇岛

蛇岛

蛇岛位于辽宁省旅顺口西湖嘴的渤海中。全岛略呈菱形，长 1700 米，宽 700 米，面积 0.62 平方千米。系蝮蛇栖息地，无人定居。岛内管牙类毒蛇甚多，卵胎生一次产仔蛇 4 至 14 条，每年递增 8%。蝮蛇为珍贵动物，蛇胆、蛇蜕、蛇皮、蛇肉均可制药。

中国最年轻的湿地生态自然保护区——黄河三角洲自然保护区

山东黄河三角洲自然保护区，位于古老黄河入海口，地理坐标介于北纬 37°40′～38°10′、东经 118°41′～119°16′之间，总面积 1500 平方千米，其中核心区面积 300 平方千米。黄河三角洲自然保护区属于温带大陆性季风气候区，四季分明，雨热同期，光照充足，是国家级以保护新生湿地生态系统和珍稀、濒危鸟类为主的自然保护区。黄河每年携带大量泥沙入海，使黄河三角洲以每年 3000 米的速度向渤海湾推进，湿地资源和生物资源十分丰富。这片共和国年轻的土地，滩涂辽阔，且少污染，少人迹，是中国最完整的湿地生态保护区，也是珍稀、濒危鸟类的乐园。

黄河三角洲自然保护区

热带雨林

食人树

食人树广义指地球上的食肉类植物。

世界上真有能捕食人或动物的植物吗?

能捕食动物的植物确实存在,主要有产于南亚和澳大利亚的猪卷草、茅膏菜和产于南美的捕蝇草及瓶子草等。这些植物大都生长在热带沼泽地带,因为这类地区往往土壤贫瘠,所以植物不得不捕食动物以增加营养。

这类植物捕食的方式基本有两种:一是生有捕捉器或夹子般的叶子,叶子两半能迅速闭合,把牺牲品夹在当中。如茅膏菜,它的叶子平时分两片张开,叶上分泌有甜味的液体,一旦有昆虫类小动物碰到叶子上的触毛,两片叶子立即闭合,把昆虫夹在其中,并分泌消化液把它消化即“吃掉”。大约十天后,消化已毕,叶子重新张开,等候捕捉下一个猎物。另一类如猪笼草、瓶子草,叶子演化成瓶状,瓶口色彩鲜艳如花,并能分泌具有香味的蜜腺,吸引昆虫等小动物。而瓶颈又长着向下斜生的硬毛,昆虫只要爬进瓶中就无法逃出,瓶底的消化液会迅速把它消化掉。这些能捕食动物的植物,虽然令不少人觉得惊奇,但它们确实存在。然而,这些植物都不高大,一般只有二三十厘米,最高的也不过六七十厘米。它们只能捕食小动物,主要是捕食昆虫,较大的品种偶尔也能捕食小型的蛙或壁虎等。因此,人们把它们称为捕虫植物或食虫植物。至于稍大些的动物,哪怕是小老鼠,它们是根本无力捕获的。

什么是热带雨林

热带雨林是地球上一种常见于赤道附近热带地区的森林生态系统,主要分布在南美、亚洲和非洲的丛林地区,多位于赤道两侧(南北回归线之间)的高温多雨地区。全世界的热带雨林分为三个群系:分布于美洲亚马孙流域的美洲雨林群系、分布于非洲西南部刚果盆地一带的非洲雨林群系以及分布于南亚和东南亚的印度—马来雨林群系。其中,以美洲雨林面积最大。热带雨林在中国主要分布于海南、云南和台湾省,以及广东、广西及西藏的小部分地区,属于印度—马来雨林群系的一部分。

热带雨林是地球上抵抗力和稳定性最高的生物群落,长年气候炎热,雨量充沛,季节差异极不明显,生物群落演替速度极快,是世界上过半数动植物物种的栖息地。

热带雨林是地球赐予人类最为宝贵的资源之一。有超过四分之一的现代药物是由热带雨林的植物所提炼的,因此热带雨林被称为"世界上最大的药房"。同时,由于众多雨林植物的光合作用,其净化地球空气的能力尤为强大。其中,仅亚马孙热带雨林产生的氧气就占全球氧气总量的三分之一,故有"地球之肺"的美誉。

热带雨林的自然特征

热带雨林是树木的王国,种类极其丰富

咖啡树

通常在4000平方米内可以找到直径10厘米以上乔木达40~100种。它们较均匀地混合生长,一般缺乏明显的优势种类,各种树木的外貌彼此很相似。树干粗直犹如圆柱,在近树梢处才有分枝,浅色树皮薄而光滑。高大乔木的茎下部生有数片扁平三角形的板根，高 3～8 米，形态多样。它们的叶片通常全缘、革质发亮，特别是大都具有显著突出的尖形顶端，称为滴尖。花普遍生在无叶的树干或老枝上，这种茎花是雨林乔木的典型特征，如可可树、咖啡树等。

大花草

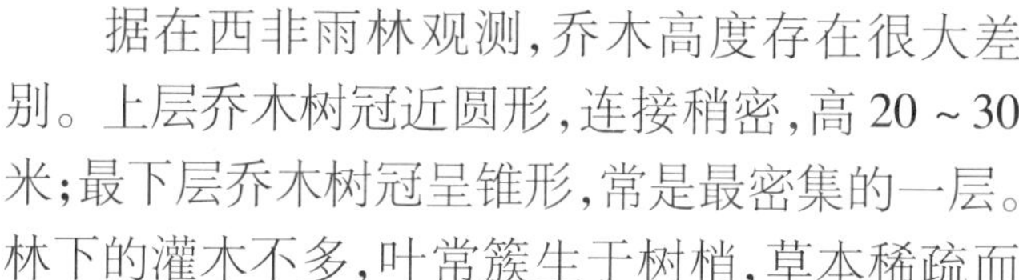

植物争夺光照和生存空间异常强烈

据在西非雨林观测，乔木高度存在很大差别。上层乔木树冠近圆形，连接稍密，高 20～30 米；最下层乔木树冠呈锥形，常是最密集的一层。林下的灌木不多，叶常簇生于树梢，草本稀疏而具有大型薄软叶片，也有些营腐生生活（如东南亚的大花草其叶退化而花径 1 米）。

藤本和附生植物的特别繁盛，是特殊的争夺空间的适应方式，对森林结构影响很大

大型木质藤本借助乔木支持登上树顶才开花，最长可达 240 米，失去支持的扁粗藤条悬在地上。附生植物除蕨类与苔藓外，更有许多有花植物（甚至具木质茎），依照所生部位的光照和水分（湿度）条件差异而分化为喜光与耐荫、旱生到湿生等生态类型。绞杀植物又称毁坏植物，是雨

藤本植物

林典型的且特有的类型。它最初附生于乔木茎上,而后勒死后者再用长出的根独立生活,因此在一株树上有时可见两种叶子。

动物种类丰富多样

生活于上层树冠的哺乳动物比例很大,如长臂猿、黑猩猩等在树冠与地面间搜寻食物,较大型哺乳动物如象、鹿、狮、豹等以叶子、落果或动物为食。地下穴居动物以蚁类最多,为清除枯落物起很大作用。巴拿马运河区在16平方千米内竟发现2万种昆虫,而雨林中鸟类和蝙蝠不仅捕食昆虫,还与茎花传粉、附生植物传播等密切有关。但至今仍有许多动物和植物没有被人认识,更说不上了解其性能和用途。完全可以确认的是,热带雨林是全球生物基因最丰富的宝库,已被利用的仅仅占非常微小的比例,例如巴西橡胶树、桃花心木、可可树等。

热带雨林的主要功能

热带雨林是地球上动植物种类最丰富的地区。丰富的植物种类为各种各样的动物提供食物和栖息场所。热带雨林能提供大量的木材、珍贵的经济植物,能保持生物多样性,对维持生态平衡、防止环境恶化等具有重要作用。然而,热带雨林雨水丰富,土壤贫瘠,物种之间竞争激烈,一旦森林被破坏,会引起水土流失,导致环境恶化,而且难以恢复。因此,热带雨林的保护迫在眉睫。

净化空气

随着工矿企业的迅猛发展和人类生活使用矿物燃料剧增,被污染的空气中混杂着有害气体,威胁着人类,其中二氧化硫就是分布广、危害大的有害气体之一。凡生物都有吸收二氧化硫的本领,但吸收速度和能力不同。植物叶面积巨大,吸收二氧化硫要比其他物种大得多。据测定,森林中空气的二氧化硫要比空旷地少15%~50%。若是在高温、高湿的夏季,凭借林木旺盛的生理活动功能，森林吸收二氧化硫的速度还会加快。相对湿度85%以上，森林吸收二氧化硫的速度是相对湿度15%的5～10倍。

● 自然防疫作用 ●

树木能分泌杀伤力很强的杀菌素，杀死空气中的病菌和微生物，对人类有一定的保健作用。有人曾对不同环境下，每立方米空气中含菌量做过测定：在人群流动的公园为1000个，街道闹市区为3万～4万个，而在林区仅有55个。另外，树木分泌出的杀菌素数量也是相当可观的。例如，一公顷桧柏林每天能分泌30公斤杀菌素，可杀死白喉、结核、痢疾等病菌。

● 天然氧吧 ●

氧气是人类维持生命的基本条件，人体每时每刻都要吸入氧气，排出二氧化碳。一个健康的人三两天不吃不喝不会致命，而短暂的几分钟缺氧就会死亡。森林在生长过程中要吸收大量二氧化碳，放出氧气。据研究测定，树木每吸收44克的二氧化碳，就能排放32克氧气；树木的叶子通过光合作用产生一克葡萄糖，就能消耗2500升空气中所含有的全部二氧化碳。理论计算，森林每生长一立方米木材，可吸收大气中的二氧化碳约850公斤。若是树木生长旺季，一公顷的阔叶林，每天能吸收1吨二氧化碳，生产750公斤氧气。10平方米的森林或25平方米的草地就能把一个人呼出的二氧化碳全部吸收，供给所需氧气。诚然，林木在夜间也有吸收氧气排出二氧化碳的特性，但因白天吸进二氧化碳量很大，差不多是夜晚的20倍，相比之下夜间的副作用就很小了。就全球来说，森林绿地每年为人类处理近千亿吨二氧化碳，为空气提供60%的净洁氧气，同时吸收大气中的悬浮颗粒物，提高空气质量，并能减少温室气体，降低热效应。

● 天然的消声器 ●

噪声对人类的危害随着工业、交通运输业的发展越来越严重，这其中城镇的表现尤为突出。研究表明，噪声在 50 分贝以下，对人没有什么影响；当噪声达到 70 分贝，对人就会有明显危害；如果噪声超出 90 分贝，人就无法持久工作了。森林作为天然的消声器有着很好的防噪声效果。实验测得，公园或片林可降低噪声 5 ~ 40 分贝，比离声源同距离的空旷地自然衰减效果多 5 ~ 25 分贝；汽车高音喇叭在穿过 40 米宽的草坪、灌木、乔木组成的多层次林带时，噪声可以消减 10 ~ 20 分贝，比空旷地的自然衰减效果多 4 ~ 8 分贝。城市街道上种树，也可消减噪声 7 ~ 10 分贝。

调节气候

森林浓密的树冠在夏季能吸收、散射和反射掉一部分太阳辐射能，减少地面增温。冬季森林叶子虽大都凋零，但密集的枝干仍能削减吹过地面的风速，使空气流量减少，起到保温、保湿作用。据测定，夏季森林里气温比城市空阔地低 2℃ ~ 4℃，相对湿度则高 15% ~ 25%，比柏油混凝土的水泥路面气温要低 10℃ ~ 20℃。这是由于林木根系深入地下，源源不断地吸取深层土壤里的水分供树木蒸腾，使森林形成雾气，增加了降水。通过分析对比，林区比无林区年降水量多 10% ~ 30%。

改变低空气流

热带雨林有防止风沙和减轻洪灾、涵养水源、保持水土的作用。由于森林树干、枝叶的阻挡和摩擦消耗，进入林区风速会明显减弱。据资料介绍，夏季浓密树冠可减弱风速，最多可减少 50%。风在入林前 200 米以外，风速变化不大；过林之后，大约要经过 500 ~ 1000 米才能恢复到过林前的速度。人类便利用森林的这一功能造林治沙。

森林地表枯枝落叶腐烂层不断增多，形成较厚的腐质层，就像一块巨大的吸收雨水的海绵，具有很强的吸水、延缓径流、削弱洪峰的功能。另外，树冠对雨水有截流作用，能减少雨水对地面的冲击力，保持水土。据计算，林冠能阻载10% ~20%的降水，其中大部分蒸发到大气中，余下的降落到地面或沿树干渗透进土壤中成为地下水，所以一片森林就是一座水库。森林植被的根系能紧紧固定土壤，能使土地免受雨水冲刷，减少水土流失，防止土地荒漠化。

● 除尘和过滤污水●

工业排放的烟灰、粉尘、废气严重污染空气，威胁人类健康。高大树木叶片上的褶皱、茸毛及从气孔中分泌出的黏性油脂、汁浆能粘截大量微尘，对微尘有明显阻挡、过滤和吸附作用。每平方米的云杉，每天可吸滞粉尘8.14克，松林为9.86克，榆树林为3.39克。一般来说，林区大气中飘尘浓度比非森林地区低10% ~25%。另外，森林对污水净化能力也极强，研究表明，污水穿过40米左右的林地，水中细菌含量可减少一半，而后随着流经林地距离的增大，污水中细菌数量最多可减少90%以上。

热带雨林也是多类动植物的生长地，是地球生物繁衍最为活跃的区域。所以森林保护着生物多样性资源；而且无论是在都市周边还是在远郊，森林都是价值极高的自然景观资源。

此外，热带雨林还具有物质用途，能为生产生活提供木材。

湿地

丹顶鹤的故事

有个美丽的女大学生，名叫徐秀娟，她的父亲是扎龙自然保护区的一位鹤类保护工程师。徐秀娟小时候常帮着父亲喂小鹤，潜移默化中也爱上了丹顶鹤。徐秀娟长年累月地与丹顶

丹顶鹤的故事

鹤生活在一起，许多丹顶鹤都成了她的朋友，其中有只丹顶鹤总是喜欢黏着她，她叫它“赖毛子”。一天，有个割芦苇的人突发盗猎之念，当赖毛子毫不戒备地接近他时，他突然一把抓住其脖子，且欲置它于死地。路经此地的徐秀娟听到它凄惨的叫声，不顾一切地冲了过去，与盗猎者展开了拼死搏斗，才最终让它捡回了一条生命。从此，赖毛子对徐秀娟更亲热和依恋了……

徐秀娟大学毕业后，去往盐城自然保护区工作。盐城自然保护区是丹顶鹤的主要越冬地，如果能在那里建立一个不迁徙的丹顶鹤野外种群，那将是保护濒临绝迹的丹顶鹤种群的一个重要突破。徐秀娟为了事业，含泪挥别亲人，不远万里前往盐城。在这次远行中，作为礼物，她带了两只丹顶鹤赶往盐城。一天，平常规律性很强的两只丹顶鹤在天黑之时没有按时归巢，因为害怕它们发生意外，不敢大意的徐秀娟找了它们两天两夜。可谁又能想到，她却在寻找它们的过程中，滑进了沼泽地，再也没能上来。当这两只贪玩的丹顶鹤飞回时，再也见不到曾挽救过它们生命的徐秀娟了，它们只能在她的身边徘徊，不停地低下带着红冠的头，用长长的喙整理着她湿淋淋的衣服……也许是因为失去了这么好的一位朋友而感到难受且自责，从此以后，这两只丹顶鹤再也不夜不归宿了。当徐秀娟的遗体安葬在保护区的滩涂上后，至今它们仍喜欢站在徐秀娟的坟头上“嗝啊……嗝啊”地叫唤，似乎在向她倾诉着心中的思念。

更令人吃惊的是，从徐秀娟去世的那天起，远在扎龙自然保护区的赖毛子就变得郁郁寡欢、茶饭不思，总是一天到晚地朝着南方悲鸣，不久后，也无疾而终。

听了这个美丽凄婉的故事，你是否渴望着有一天，可以“飞”到这个发生过动人故事的地方，看看美丽的丹顶鹤？动物也是通人性的，只要你好好善待它，它们也知道感恩和报恩，也会和你和谐相处！

什么是湿地

按《国际湿地公约》定义，湿地指不论其为天然或人工、长久或暂时之沼泽地、湿原、泥炭地或水域地带，带有静止或流动、或为淡水、半咸水或咸水水体者，包括低潮时水深不超过6米的水域；潮湿或浅积水地带发育成水生生物群和水成土壤的地理综合体；是陆地、流水、静水、河口和海洋系统中各种沼生、湿生区域的总称。

湿地是地球上具有多种独特功能的生态系统，它不仅为人类提供大量食物、原料和水资源，而且在维持生态平衡、保持生物多样性和珍稀物种资源以及涵养水源、蓄洪防旱、降解污染、调节气候、补充地下水、控制土壤侵蚀等方面均起到重要作用。

湿地可分为海域湿地、河口湿地、河流湿地、湖泊、沼泽和人工水面（如水库、池塘、水稻田等属于广义湿地）。

湿地的作用

湿地，又称为“地球之肾”。其功能是多方面的，既可作为直接利用的水源或补充地下水，又能有效控制洪水和防止土壤沙化，还能滞留沉积物、有毒物、营养物质，从而改善环境污染；它能以有机质的形式储存碳元素，减少温室效应，保护海岸不受风浪侵蚀等。湿地还是众多植物、动物特别是水禽生长的乐园，同时又向人类提供食物（水产品、禽畜产品、谷物）、能源（水能、泥炭、薪柴）、原材料（芦苇、木材、药用植物）和旅游场所，是人类赖以生存和持续发展的重要基础。

物质生产

湿地具有强大的物质生产功能，它蕴藏着丰富的动植物资源。以天津七里海沼泽湿地为例：七里海沼泽湿地是天津沿海地区的重要饵料基地和初级生产力来源。在20世纪70年代以前，有水生、湿生植物群落100多种，其中具有生态价值的约40种：哺乳动物约10种，鱼蟹类30余种。芦苇作为七里海湿地最典型的植物，苇地面积达7186公顷，具有很高的经济价值和生态价值，不仅是重要的造纸工业原料，又是农业、盐业、渔业、养殖业、编织业的重要生产资料,还能起到防风抗洪、改善环境、改良土壤、净化水质、防治污染、调节生态平衡的作用。另外,七里海沼泽湿地可利用水面达10000亩,年产河蟹2000吨,是著名的七里海河蟹的产地。

● 大气组分 ●

湿地内丰富的植物群落,能够吸收大量的二氧化碳气体并放出氧气,湿地中的一些植物还具有吸收空气中有害气体的功能,能有效调节大气组分。但同时也必须注意到,湿地生境也会排放甲烷、氨气等温室气体。沼泽有很大的生物生产效能,植物在有机质形成过程中,不断吸收二氧化碳和其他气体,特别是一些有害的气体。沼泽地上的氧气则很少消耗于死亡植物残体的分解。沼泽还能吸收空气中的粉尘及携带的各种菌,从而起到净化空气的作用。另外,沼泽堆积物具有很大的吸附能力,污水或含重金属的工业废水,通过沼泽能吸附金属离子和有害成分。

● 水分调节 ●

湿地在蓄水、调节河川径流、补给地下水和维持区域水平衡中发挥着重要作用,是蓄水防洪的天然“海绵”,在时空上可分配不均的降水,通过湿地的吞吐调节,避免水旱灾害。

沼泽湿地具有湿润气候、净化环境的功能,是生态系统的重要组成部分。其大部分发育在低洼地带,长期积水,生长出茂密的植物,其下根茎交织,残体堆积。潜育沼泽一般也有几十厘米的草根层。草根层疏松多孔,具有很强的持水能力,它能保持大于本身绝对干重3~15倍的水量。不仅能储蓄大量水分,还能通过植物蒸腾和水分蒸发,把水分源源不断地送回大气中,从而增加了空气湿度,调节降水,在水的自然循环中起着良好的作用。据实验研究,一公顷的沼泽在生长季节可蒸发掉7415吨水分,可见其调节气候的巨大功能。

净化

沼泽湿地像天然的过滤器,它有助于减缓水流的速度,当含有毒物和杂质(农药、生活污水和工业排放物)的流水经过湿地时,流速减慢有利于毒物和杂质的沉淀和排除。一些湿地植物能有效地吸收水中的有毒物质,净化水质。

沼泽湿地能够分解、净化环境物,具有“排毒”“解毒”的功能,因此被人们喻为“地球之肾”。如氮、磷、钾及其他一些有机物质,通过复杂的物理、化学变化被生物体贮存起来,或者通过生物的转移(如收割植物、捕鱼等)等途径,永久的脱离湿地,参与更大范围的循环。

沼泽湿地中有相当一部分的水生植物,包括挺水性、浮水性和沉水性的植物,具有很强的清除毒物的能力,是毒物的克星。据测定,在湿地植物组织内富集的重金属浓度比周围水中的浓度高出 10 万倍以上。正因为如此,人们常常利用湿地植物的这一生态功能来净化污染物中的病毒,从而有效的清除污水中的“毒素”,达到净化水质的目的。

印度卡尔库塔市设有一座污水处理厂,该城所有的生活污水都被排入东郊的一个经过改造的湿地中。这些污水被用来养鱼,鱼产量每年每公顷可达 2.4 吨;也可用来灌溉稻田,每公顷年产水稻约 2 吨。另外,还在倾倒固体垃圾的地方种植蔬菜,并用这些污水来浇灌。就这样,大量的营养物以食物形式从污水中去除。

动物栖息地

湿地复杂多样的植物群落,为野生动物尤其是一些珍稀或濒危野生动物提供了良好的栖息地,是鸟类、两栖类动物的繁殖、栖息、迁徙、越冬的场所。

沼泽湿地特殊的自然环境虽有利于一些植物的生长,却不是哺乳动物种群的理想家园,只是鸟类能在这里获得特殊的享受。因为水草丛生的沼泽环境,为各种鸟类提供了丰富的食物来源和营巢、避敌的良好条件。

在湿地内常年栖息和出没的鸟类有天鹅、白鹳、鹈鹕、大雁、白鹭、苍鹰、浮鸥、银鸥、燕鸥、苇莺、掠鸟等约200种。而且很多湿地是鸟类迁徙越冬的中转站。

富营养化

“蓝藻”与微囊藻毒素及其危害

微囊藻毒素是由蓝藻水华爆发所产生的一种肝毒素，主要由淡水藻类铜绿微囊藻产生。随着中国水体富营养化程度逐渐加剧，蓝藻水华和赤潮的发生率逐年增加。80%的蓝藻水华都可以检测出次生代谢产物——微囊藻毒素，它对水体环境和人群健康的危害已成为全球关注的重大环境问题之一。

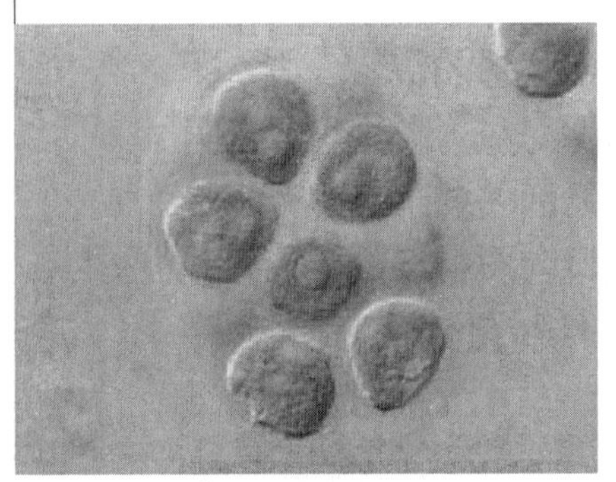

微囊藻毒素

历史上最早的关于微囊藻毒素对人类毒害作用的纪录可追溯到1000多年前的中国，当时诸葛亮记载了他的军队从中国南部的一条发绿（推测可能是蓝藻）的河流中取水饮用而中毒死亡。关于这种藻毒素引起人类肠胃炎的最早报道见于1931年，发生在沿美国俄亥俄河的一系列城镇，当时，由于降水量少，俄亥俄河的一个支流发生了蓝藻水华，水华随后流入干流，随着其向下游移动，引发了一系列的疾病。

富营养化导致太湖蓝藻爆发

1996年2月，巴西一血液透析中心由于使用了含微囊藻毒素污染的水作肾透析液，使126例病人出现急性和亚急性肝毒性的症状和体征，造成60人死亡，其中多数死于肝脏衰竭。微囊藻毒素污染还可造成野生动物、家畜、家禽等中毒死亡，已成为当前国际公共卫生学家及生物学家共同关注的热点课题。

中国也有许多饮用水源发生蓝藻水华并检测出微囊藻毒素，特别是2007年发生了太湖大面积暴发蓝藻水华导致震惊世界的无锡市饮用水污染的事件。蓝藻污染不仅会恶化水质，还可能释放出水溶解性肝毒素、神经毒素及其他毒素，其中危害最大的是由铜绿微囊藻、水华鱼腥藻和颤藻等蓝藻产生的微囊藻毒素。流行病学调查显示，饮用水源中微囊藻毒素是中国南方一些地区原发性肝癌发病率高的主要原因之一。

什么是富营养化

富营养化是指生物所需的氮、磷等营养物质大量进入湖泊、河口、海湾等缓流水体，引起藻类及其他浮游生物迅速繁殖，水体溶氧量下降，鱼类及其他生物大量死亡的现象。大量死亡的水生生物沉积到湖底，被微生物分解，消耗大量的溶解氧，使水体溶解氧含量急剧降低，水质恶化，以致影响鱼类的生存，大大加速了水体的富营养化过程。水体出现富营养化现象时，由于浮游生物大量繁殖，往往使水体呈现蓝色、红色、棕色、乳白色等，这种现象在江河湖泊中叫水华（水花），在海中叫赤潮。在发生赤潮的水域里，一些浮游生物暴发性繁殖，使水变成红色，因此叫“赤潮”。这些藻类有恶臭、有毒，鱼不能食用。藻类遮蔽阳

赤潮

光,使水底生植物因光合作用受到阻碍而死去,腐败后放出氮、磷等植物的营养物质,再供藻类利用。这样年深月久,造成恶性循环,藻类大量繁殖,水质恶化而又腥臭,水中缺氧,造成鱼类窒息死亡。

富营养化形成的原因

总氮、总磷等营养盐是发生富营养化的必要条件。如果水体中总氮、总磷浓度很低,不可能发生富营养化;反之则不然,水体中总氮、总磷浓度的升高并不一定发生富营养化。富营养化的发生和发展是水体的整个环境系统出现失衡,导致某种优势藻类大量生长繁殖的过程。因此,要研究富营养化的发生机理和发生条件,实质上需了解藻类生物诸多差异,会出现不同的富营养化表现症状,即出现不同的优势藻类种群,并连带出现各种不同类型的水生生物种类的失衡。

富营养化发生所必备的条件基本上是一样的,最主要的影响因素有:

① 总氮、总磷等营养盐相对比较充足。

② 铁、硅等含量比较适度。

③ 适宜的温度、光照条件和溶解氧含量。

④ 缓慢的水流流态,水体更新周期长。

只有在上述四个方面条件都比较适宜的情况下,才会出现某种优势藻类"疯狂增长"现象,发生富营养化。

富营养化的危害

(1) 富营养化造成水的透明度降低,阳光难以穿透水层,从而影响水中植物的光合作用和氧气的释放,同时浮游生物大量繁殖,消耗水中大量的氧,使水中溶解氧严重不足,而水面植物的光合作用,则可能造成局部溶解氧的过饱和。溶解氧过饱和以及水中溶解氧少,都对水生动物(主要是鱼类)有害,造成鱼类大量死亡。

(2) 富营养化水体底层堆积的有机物质在厌氧条件下分解

产生的有害气体，一些浮游生物产生的生物毒素也会伤害水生动物。此外，由于藻类带有明显的鱼腥味，从而影响饮用水质。而藻类产生的藻毒素则会危害人类和动物的健康。

（3）富营养化水中含有亚硝酸盐和硝酸盐，人畜长期饮用这些物质含量超过一定标准的水，会中毒致病。

（4）水体富营养化，常导致水生生态系统紊乱，水生生物种类减少，多样性受到破坏。昆明滇池水质在20世纪50年代处于贫营养状态，到80年代则处于富营养化状态，大型水生植物种数由50年代的44种降至20种，浮游植物属数由87属降至45属，土著鱼种数由15种降至4种。武汉汉江在1992年发生水华时，藻类种群的多样性指数也呈下降趋势。普遍的重富营养化造成多种用水功能严重损害，甚至完全丧失。武汉汉江下游因出现水华现象而导致汉川自来水厂被迫关闭，宗关自来水厂的净化工序困难，反冲增加，制水成本增加。

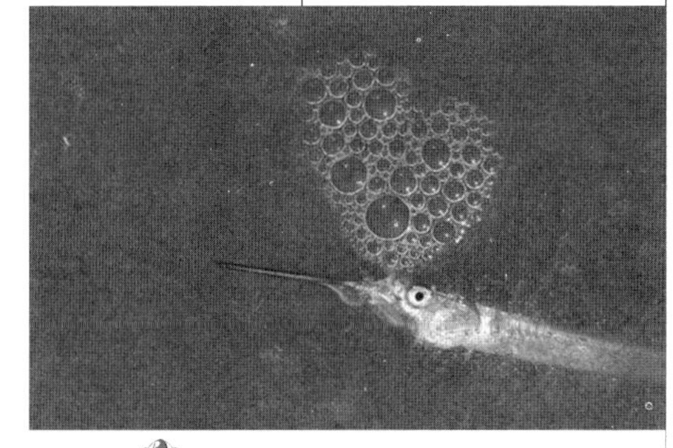

滇池富营养化导致生物死亡

富营养化的预防及治理

防止富营养化，首先应控制营养物质进入水体。治理富营养化水体，可采取疏浚底泥、去除水草和藻类、引入低营养水稀释和实行人工曝气等措施。还有生物防治，如引入大型挺水植物与藻类竞争、养殖捕食藻类的鱼等抑制藻类繁殖生长。还可在污染水域投放河蚌、鲢鱼等，净化水体。

土地退化

治沙女杰——殷玉珍

目前,荒漠化在全球以每年5万至7万平方公里的速度扩展,全球荒漠化面积已达到3800万平方公里,占地球陆地总面积的1/4,有10多亿人口正遭受土地荒漠化的威胁。中国是世界荒漠化最严重的地区之一,全国荒漠化土地总面积262.37万平方公里,占国土总面积的27.33%。

殷玉珍

中国高度重视荒漠化治理,不少地方也创造了众多优秀治沙典型经验,目前中国荒漠化扩大的势头已经初步得到了遏制。

内蒙古自治区鄂尔多斯市乌审旗无定河镇河南乡尔林川村井背塘,地处毛乌素沙地腹部。就在这里,诞生了一个世界闻名的绿色奇迹。井背塘一带曾经黄沙漫天,方圆十多公里内渺无人烟,而殷玉珍和丈夫白万祥,扎根治理土地沙漠化,誓让沙漠变草原,20多年的艰辛,20多年的汗水,20多年的奉献,20多年的辛勤浇灌,硬是把7万多亩贫瘠荒凉的沙地变成了生机盎然的绿洲。当地森林覆盖率已由10年前的32%提高到现在的70%,植被覆盖率也由45%提高到了85%。殷玉珍沙漠播绿20多年的事迹,也成为防治荒漠化、改善生态环境的成功范例。

殷玉珍,老家在毛乌素沙漠南边的陕西省靖边县。她模样长得俊,心灵手巧,会做衣服,还做得一手好菜,最拿手的是那一口陕北小曲,惹得许多小伙子围在她家门口转悠。可是人的命运往往阴差阳错,她被父亲许配给了沙漠中的老白——白万祥。几件衣服、一个木柜子是她的全部嫁妆。一头土灰马驮着一个19岁的姑娘一步步走到了沙漠深处。

在沙梁的坚硬处掘开一个地窖,一个人需猫着腰才能进去,里面铺上柴草和枯枝,两个人在里面都转不开身。这就是殷玉珍的新房。更可怕的还是风沙对生存的威胁,铺天盖地的黄沙随时都有把小屋吞噬的危险。风一停,一家人便赶快用铁锹把门口的沙一点一点挪开,这样的情景几乎天天可以遇到。沙棉蓬、沙蓬子、沙米、沙盖是主要下炊之物。有时丈夫从靖边县捡回来的死猪、死羊,竟是全家的一顿美味,剥下的皮子还要做皮袄穿。

然而,对于一个 19 岁的姑娘来说,最难以忍受的是沙海中无边的孤独。

殷玉珍清楚地记得,一直到她过门的第 40 天,才看见一个人从她的家周围经过。待她惊喜地跑过去时,那人已经走远了,她就回家拿了个盆,把脚印扣住,每天来看一次。

然而,殷玉珍的性格里充满了刚强好胜、隐忍开朗,甚至有些桀骜不驯。等她擦干眼泪以后做出了一个大胆的决定:种树,“宁肯种树累死,也不叫沙欺负死”。

殷玉珍家里最大的财产是一只羊羔和一只三条腿的羊。1986 年春天,殷玉珍用那只三条腿的羊换回了 600 棵树苗,种在房子周围。那时她每天除了给树浇水,其余的时间大部分都是在呆呆地瞅着这些小树中度过的。冬去春来,经历了风霜和干旱之后,栽下的 600 棵小树存活了 100 多棵,这使殷玉珍看到了希望。从此,一场持久的人沙战斗开始了。

没有钱买树苗,殷玉珍就从娘家借了 300 元钱买了几头猪仔,希望能换点钱。丈夫也到外面给人淘粪、盖房子、干农活,他打工不要钱,只要树苗。

1989 年,丈夫白万祥在尔林川打工的时候,听做饭的老头说,村大院里堆了好多苗子没人要。夫妻俩如获至宝,他们借了 3 头牛,凌晨 3 时从家里出发,赶到苗圃把苗条驮上就急着往回赶。不料途中狂风大作,又累又饿的殷玉珍实在走不动了,只能抓着牛尾巴,一步步在沙海里挪动着,翻过一道道沙梁。大风一次次把苗垛子刮到坡底,她哭着鼻子一次次重新抬上牛背,回到家已经是下午了,累得不想动弹了。可是不当天栽上,树苗就会枯萎的。他们连饭都顾不上吃,喝口水就接着干活了。终于,24 个冬去春来,7 万亩沙漠变成了绿洲。

什么是土地退化

土地退化是指土地受到人为因素、自然因素或人为、自然综合因素的干扰、破坏而改变土地原有的内部结构、理化性状,土地环境日趋恶劣,逐步减少或失去该土地原先所具有的综合生产潜力的演替过程,一般表现为水土流失、土地荒漠化、土地盐碱化、土地次生潜育化、土地污染等。例如:干旱、洪水、大风、暴雨、海潮等自然力,可导致土地沙化、流失、盐碱化等;人类不适当的开垦、乱伐,不合理的种植制度和灌溉,农药、化肥使用不当等,会引起土地沙化、土壤侵蚀、土壤盐碱化、土壤肥力下降、土壤污染等。

地球“癌症”——土地荒漠化

中国自 1997 年以来已经丧失了 820 万公顷耕地,其中以“乌金三角”——晋陕内蒙古区最为严重。目前中国 37% 的土地在退化,中国人均可使用土地面积仅为世界平均水平的 40%。

土地退化产生的原因

土地退化的产生有自然原因,也有人为因素。

自然原因

① 地貌及其物质不稳定。

② 降水不稳定。

③ 气候演变,即变干、变暖。

人为因素

① 人们在农业化的进程中,不断砍伐森林,侵蚀草原。

② 不合理利用土地,如乱开垦,过度开垦、过度放牧、乱伐树木、乱挖药材以及经营粗放等,并造成了恶性循环。

③ 人们缺乏发展的眼光,仅仅为了眼前的小利益不断新开土地。

土地退化的后果

土地退化是一个渐进的过程,但其危害是持久和深远的。它不仅对当代人产生影响,还将祸及子孙后代。土地退化的后果包括生产能力下降、人口迁移、粮食不安全、基本资源和生态系统遭到破坏,以及由于物种和遗传方面的生境变化而造成的生物多样性遗失。随之而来的便是农牧业的减产,相应带来巨大的经济损失和一系列的社会恶果,在极为严重的情况下,甚至会造成大量的生态难民。

土地退化的危害主要表现为:

● 可利用土地资源减少 ●

20 世纪 50 年代以来,中国已有 67 万公顷耕地、235 万公顷草地和 639 万公顷林地变成了沙地。20 世纪末,荒漠化每年以 3436 平方公里的速度扩展,每 5 年就有一个相当于北京市行政区划大小的国土面积因荒漠化而失去利用价值,全国受荒漠化影响的人口达 1.7 亿。

● 土地生产力严重衰退,阻碍农业发展 ●

土地荒漠化会造成土壤中有机质和细粒物质的流失,导致土壤粗化,肥力下降。据中国科学院测算,荒漠化致使全国每年损失土壤有机质及氮、磷、钾等达 5590 万吨,折合化肥 2.7 亿吨,相当于1996年全国农用化肥产量的9.5倍。

土地盐碱化使土壤的理化性质变差，作物、林木和牧草的生存条件变坏，作物生长不良造成缺苗、减产、死亡。

土地污染造成粮食减产和污染，仅以土壤重金属污染为例，全国每年就因重金属污染而减产粮食1000多万吨，另外被重金属污染的粮食每年也多达1200万吨，合计经济损失至少200亿元。

对人类健康产生不利影响

土地污染物会通过食物链的途径危害人体健康。土壤生物直接从污染的土壤中吸收有害物质，这些有害物质通过食物链最终进入人类体内，所以土壤是污染物进入人体食物链的主要环节。作为人类主要食物来源的粮食、蔬菜和畜牧产品都直接或间接来自土壤，污染物在土壤中的富集必然引起食物污染，最终危害人体的健康。据了解，全球每年有2.2万吨镉进入土壤，镉食用过量，会对人体的骨骼、肾脏造成危害，发生“痛痛病”。

有些污染的土地直接具有放射性的危害，对人类健康以及其他生物的生存造成影响。切尔诺贝利事件中受到污染的大面积的土地被迫闲置，其原因之一就在于此。

北京沙尘暴

环境污染严重，自然灾害加剧

在生态环境效应方面，土地荒漠化导致沙尘暴增多。近几年，中国首都北京不时遭遇沙尘暴的袭击，整个城市被一片黄色覆盖，人们叫苦不迭。

土地污染将直接导致土壤性质恶化，从而使植被减少，生物多样性降低，除此之外，还可能会引起大气、地表水、地下水污染和人畜疾病等次生环境问题，威胁着生态安全和生命健康。

水土流失

杭州地铁坍塌——水土流失惹的祸

提起水土流失，大家的脑海中首先想到的恐怕都是黄土高原，然而，水土流失其实就在我们附近，造成的危害也深深地影响着我们。

2014 年 7 月 31 日，杭州地铁 4 号线在建路段发生塌方透水情况。由于地铁施工时挖破旁边的河道，导致河水倒灌至杭州地铁 4 号线的基坑。地铁四号线为何会出现河水倒灌事故？专家分析倒灌事故原因有多种，不排除压力失衡。

专家指出，出事地方是河道底，土质条件非常差，都是粉砂土，流动性非常强，很容易产生流变。其次，这个地方经过几次施工，扰动非常大，几个因素叠加，很容易产生水土流失，造成塌陷。

可见，由于水土流失造成的事故并非只在黄土高原，而且事故造成的危害也是非常可怕的。

水土流失的定义

水土流失

水土流失是指人类对土地的利用，特别是对水土资源不合理的开发和经营，使土壤的覆盖物遭受破坏，裸露的土壤受水力冲蚀，流失量大于母质层育化成土壤的量，土壤流失由表土流失、心土流失而至母质流失，终使岩石暴露。水土流失可分为水力侵蚀、重力侵蚀和风力侵蚀三种类型。一般讲的水土流失特指水力侵蚀的现象。

水土流失的现状

中国是世界上水土流失最为严重的国家之一,由于特殊的自然地理和社会经济条件,使水土流失成为主要的环境问题。中国的水土流失分布范围广、面积大,侵蚀形式多样,类型复杂,水力侵蚀、风力侵蚀、冻融侵蚀及滑坡泥石流等重力侵蚀特点各异,相互交错,成因复杂。土壤流失严重,据统计,中国每年流失的土壤总量达50亿吨。长江流域年土壤流失总量为24亿吨,黄河流域、黄土高原区每年进入黄河的泥沙多达16亿吨。

水土流失的类型

根据产生水土流失的“动力”,水土流失可分为水力侵蚀、重力侵蚀和风力侵蚀三种类型。

水力侵蚀

水力侵蚀分布最广泛,在山区、丘陵区和一切有坡度的地面,暴雨时都会产生水力侵蚀。它的特点是以地面的水为动力冲走土壤。比如黄河流域。

水力侵蚀

重力侵蚀

重力侵蚀主要分布在山区、丘陵区的沟壑和陡坡上，在陡坡和沟的两岸沟壁，其中一部分下部被水流淘空，由于土壤及其成土母质自身的重力作用，不能继续保留在原来的位置，分散地或成片地塌落。

重力侵蚀

风力侵蚀

风力侵蚀主要分布在中国西北、华北和东北的沙漠、沙地和丘陵盖沙地区，其次是东南沿海沙地，再次是河南、安徽、江苏几省的“黄泛区”（历史上由于黄河决口改道带出泥沙形成）。它的特点是由于风力扬起沙粒，离开原来的位置，随风飘浮到另外的地方降落。如河西走廊、黄土高原。

风力侵蚀

另外还可以分为冻融侵蚀、冰川侵蚀、混合侵蚀、风力侵蚀、植物侵蚀和化学侵蚀。

“河西走廊”的水土流失现象

水土流失的形成原因

中国是个多山国家，山地面积占国土面积的2/3；又是世界上黄土分布最广的国家。山地丘陵和黄土地区地形起伏。黄土或松散的风化壳在缺乏植被保护情况下极易发生侵蚀。大部分地区属于季风气候，降水量集中，雨季降水量常达年降水量的60%～80%，且多暴雨。易于发生水土流失的地质地貌条件和气候条件是造成中国发生水土流失的主要原因。

中国人口多,对粮食、民用燃料等需求大,所以在生产力水平不高的情况下,人们对土地实行掠夺性开垦,片面强调粮食产量,忽视了因地制宜的农、林、牧综合发展,把只适合林业、牧业利用的土地也辟为农田,破坏了生态环境。大量开垦陡坡,以致陡坡越开越贫、越贫越垦,生态系统恶性循环;滥砍滥伐森林,甚至乱挖树根、草坪,树木锐减,使地表裸露,这些都加重了水土流失。另外,一些基本建设也不符合水土保持要求,如不合理的修筑公路、建厂、挖煤、采石等,破坏了植被,使边坡稳定性降低,引起滑坡、塌方、泥石流等严重的地质灾害。

水土流失的危害

● 使土地生产力下降甚至丧失 ●

中国每年流失土壤50亿吨,土壤中流失的氮、磷、钾肥估计达4000万吨,与中国当前一年的化肥施用量相当,折合经济损失达24亿元。长江、黄河两大水系每年流失的泥沙量达26亿吨,其中含有的有机肥料相当于50个年产量为50万吨的化肥厂的总量。难怪有人说黄河流走的不是泥沙,而是中华民族的血液,如此大片肥沃的土壤和氮、磷、钾肥料被冲走了,必然造成土地生产力的下降甚至完全丧失。

● 淤积河道、湖泊、水库 ●

以浙江省为例,浙江省虽然水土流失较轻,可是省内有8条水系的河床普遍增高了0.2~0.1米,内河航行里程比20世纪60年代减少了1000公里。比如1958年以前,从嵊县县城(今嵊州市)到曹娥江可通行10吨载重量的木船。但由于河床淤沙太多,如今已被迫停航,地表水资源变成沙子,航建公司改成“黄沙”公司。

四川省的嘉陵江、涪江、沱江等几条流域,水土流失也十分严重,约20%以上的泥沙淤积于水库。据预测,照此下去,再过

50年，长江流域的一些水库都要淤平或者成为泥沙库。

● 污染水质，影响生态平衡 ●

当前，中国一个突出的问题是江、河、湖水质的污染严重。水土流失则是水质污染的一个重要原因。长江水质正在遭受污染就是典型例子。

由此可见，水土流失的危害性不仅很大，而且还具有长期效应。问题的严重性必须充分估计到，防治水土流失的措施也应尽快执行。

水地流失的综合治理

原则

调整土地利用结构，治理与开发相结合。

方法

① 压缩农业用地，重点抓好川地、塬地、坝地、缓坡梯田的建设，充分挖掘水资源，采用现代农业技术措施，提高土地生产率，逐步建成旱涝保收、高产稳产的基本农田。

② 扩大林草种植面积。

③ 改善天然草场的植被，超载过牧的地方应适当压缩牲畜数量，提高牲畜质量，实行轮封轮牧。

④ 复垦回填。

 第二部分 大气环境篇 

大气环流

什么是大气环流

大气环流，一般是指具有世界规模的、大范围的大气运行现象，既包括平均状态，也包括瞬时现象，其水平尺度在数千千米以上，垂直尺度在10千米以上，时间尺度在数天以上。一般指全球或半球范围的大尺度大气运动的总体特征。包括不同时间尺度和不同空间尺度的运动。某一大范围的地区（如欧亚地区、半球、全球），某一大气层次（如对流层、平流层、中层、整个大气圈）在一个长时期（如月、季、年、多年）的大气运动的平均状态或某一个时段（如一周、梅雨期间）的大气运动的变化过程都可以称为大气环流。

大气环流是完成地球—大气系统角动量、热量和水分的输送和平衡，以及各种能量间的相互转换的重要机制，又同时是这些物理量输送、平衡和转换的重要结果。因此，研究大气环流的特征及其形成、维持、变化和作用，掌握其演变规律，不仅是人类认识自然的不可缺少的重要组成部分，而且还将有利于改进和提高天气预报的准确率,有利于探索全球气候变化,以及更有效地利用气候资源。大气环流通常包含平均纬向环流、平均水平环流和平均径圈环流三部分。

海陆分布和大气环流是导致一个地方气候具有某种特点的两个重要因素,两者又相互影响和制约着。任何一个地区的气候都是地理纬度、太阳辐射、海陆分布、大气环流、海拔高度等因素综合作用的结果。

大气环流的形成原因

太阳辐射作用

大气运动需要能量,而能量几乎都来源于太阳辐射的转化。大气不仅吸收太阳辐射、地面辐射和地球给予大气的其他类型能量,同时大气本身也向外放射辐射。然而这种吸收和放射的差额在大气中的分布是很不均匀的,沿纬圈平均在35°S ~ 35°N之间是辐射差额的正值区,即净得能量区。由35°S向南和由35°N向北是辐射差额的负值区,即净失能量区。这样自赤道向两极形成了辐射梯度,并以中纬度地区净辐射梯度最大。净辐射梯度分布引起了地球上高、低纬度间的大气热量收支不平衡,使人气中出现了有效位能,形成了向极的温度梯度。大气是低黏性、可压缩流体,温度和气压的改变可能引起膨胀或收缩。结果,低纬大气因净得热量不断增温并膨胀上升,极地大气因净失热量不断冷却并收缩下沉。在这种温度梯度下,为保持静力平衡,对流层高层必然出现向极地的气压梯度,低层出现向低纬的气压梯度。假设地球表面性质均一和没有地转偏向力,则气压梯度力的作用将使赤道和极地间构成一个大的理想的直接热力环流圈。环流使高低纬度间不同温度的空气得以交换,并把低纬度的净收入热量向高纬度输送,以补偿高纬热量的净支出,从而维持了纬度间的热量平衡。因此,太阳辐射对大气系统加热不均是大气产生大规模运动的根本原因,而大气在高低纬间的热量收支不平衡是产生和维持大气环流的直接原动力。

● 地球自转作用 ●

大气是在自转的地球上运动着，地球自转产生的偏转力迫使运动空气的方向偏离气压梯度力方向。在北半球，气流向右偏转，结果使直接热力环流圈中自极地低空流向赤道的气流偏转成东风，而不能径直到达赤道；同样地，自赤道高空流向极地的气流，随纬度增高，偏转程度增大，逐渐变成与纬圈相平行的西风。可见，在偏转力的作用下，理想的单一的经圈环流，既不能生成也难以维持，因而形成了几乎遍及全球（赤道地区除外）的纬向环流。纬向风带的出现，阻挡着经向气流的逾越，引起某些地区空气质量的辐合和一些地区空气质量的辐散，使一些地区的高压带和另一些地区的低压带得以形成和维持。结果，全球气压水平分布在热力和动力因子作用下，呈现出规则的纬向气压带，而且高低气压带交互排列，而气压带的生成和维持又是经圈环流形成的必需条件，因而地球自转是全球大气环流形成和维持的重要因子。

● 地表性质作用 ●

地球表面有广阔的海洋、大片的陆地，陆地上又有高山峻岭、低地平原、广大沙漠以及极地冷源，因此是一个性质不均匀的复杂的下垫面。从对大气环流的影响来说，海陆间热力性质的差异所造成的冷热源分布和山脉的机械阻滞作用，都是重要的热力和动力因素。

海洋与陆地的热力性质有很大差异。夏季，陆地上形成相对热源，海洋上成为相对冷源；冬季，陆地成为相对冷源，海洋却成为相对热源。这种冷热源分布直接影响到海陆间的气压分布，使完整的纬向气压带分裂成一个个闭合的高压和低压。同时，冬夏海、陆间的热力差异引起的气压梯度驱动着海陆间的大气流动，这种随季节而转换的环流是季风形成的重要因素。北半球陆地辽阔，海陆东西相间分布，在冬季，大陆是冷源，纬向西风气流流经大陆时，气流温度逐渐降低，直到大陆东岸降到最低,气流东流入海后,因海洋是热源,气温不断升高,直到海洋东缘温度升到最高,即大陆东岸成为温度槽,大陆西岸形成温度脊。夏季时,温度场相反,大陆东岸为温度脊,大陆西岸为温度槽。根据热成风原理,与温度场相适应的高空气压场则是:冬季大陆东岸出现低压槽,西岸出现高压脊,夏季时相反。可见,海陆东西相间分布对高空环流形势的建立和变化有明显影响。

地形起伏,尤其是大范围的高原和高大山脉对大气环流的影响非常显著,其影响包括动力作用和热力作用两个方面。当大规模气流爬越高原和高山时,常常在高山迎风侧受阻,造成空气质量辐合,形成高压脊,在高山背风侧,则利于空气辐散,形成低压槽。东亚沿岸和北美东岸,冬半年经常存在的高空大槽,虽然其形成同海陆温差有关,但同西风气流爬越巨大青藏高压和落基山的动力减压亦有一定关系。如果地形过于高大或气流比较浅薄,则运动气流往往不能爬越高大地形,而在山地迎风面发生绕流或分支现象,在背风面发生气流汇合现象。地形对大气的热力变化也有影响。比如青藏高原相对于四周自由大气来说,夏季时高原面是热源,冬季时是冷源,这种热力效应对南亚和东亚季风环流的形成、发展和维持有重要影响。

夏季极冰的冷源作用改变了太阳总辐射所形成的夏季经向辐射梯度,使对流层大气的夏季热源仍维持在低纬,冷源维持在高纬极区,这种夏季极冰冷源作用是影响大气环流运动的又一重要因素。

由此可见,海陆和地形的共同作用,不仅使低层大气环流变得复杂化,而且也使中高层大气环流有在特定地区出现平均槽、脊的趋势。

地面摩擦作用

大气在自转地球上运动着,与地球表面产生着相对运动。相对运动产生着摩擦作用,而摩擦作用和山脉作用使空气与转动地球之间产生了转动力矩(即角动量)。角动量在风带中的产生、损耗以及在风带间的输送、平衡，对大气环流的形成和维持具有重要作用。

地球上的气流基本上呈纬向流动着，在中高纬度主要是西风带，低纬度是广阔东风带。在西风带，地球通过摩擦作用给大气一个自东向西的转动力矩，所以西风带中大气将损耗西风角动量而地球将获得西风角动量。在东风带，地球通过摩擦作用给大气一个自西向东的转动力矩，所以在东风带中大气获得地球给予的西风角动量，而地球将支出西风角动量。照此下去，西风带因不断损耗西风角动量，近地层西风要减弱；东风带因不断获得西风角动量，近地层东风也要减弱。然而长期观测事实证明，东、西风带的平均风速没有发生明显变化，地球自转速度也没有发生变化。这表明大气中的角动量是守恒的，东、西风带由地球获得或损耗的西风角动量是相等的。同时也表明大气中必有一种从东风带向西风带输送西风角动量的过程存在。

大气环流的形成和维持，除以上因子外，还同大气本身的特殊性质有联系。

什么是大气圈

大气圈是地球外圈中最外部的气体圈层，它包围着海洋和陆地。大气圈没有确切的上界，在2000～16000千米的高空仍有稀薄的气体和基本粒子。在地下，土壤和某些岩石中也会有少量空气，它们也可认为是大气圈的一个组成部分。

大气圈的主要成分为氮、氧、氩、二氧化碳和不到0.04%比例的微量气体。地球大气圈气体的总质量约为5.136×10^{21}克，相当于地球总质量的百万分之0.86。由于地心引力作用，几乎全部的气体集中在离地面100千米的高度范围内，其中75%的大气又集中在地面至10千米高度的对流层范围内。根据大气分布特征，在对流层之上还可分为平流层、中间层、热成层等。

什么是气候

气候是地球上某一地区多年时段大气的一般状态，是该时段各种天气过程的综合表现。气象要素（温度、降水、风等）的各种统计量（均值、极值、概率等）是表述气候的基本依据。气候与人类社会有密切关系，许多国家很早就有关于气候现象的记载。中国春秋时代用圭表测日影以确定季节，秦汉时期就有二十四节气、七十二候的完整记载。“气候”一词源自古希腊文，意为倾斜，指各地气候的冷暖同太阳光线的倾斜程度有关。

由于太阳辐射在地球表面分布的差异，以及海洋、陆、山脉、森林等不同性质的下垫面在到达地表的太阳辐射的作用下所产生的物理过程不同，使气候除具有温度大致按纬度分布的特征外，还具有明显的地域性特征。按水平尺度大小，气候可分为大气候、中气候与小气候。大气候是指全球性和大区域的气候，如热带雨林气候、地中海型气候、极地气候、高原气候等；中气候是指较小自然区域的气候，如森林气候、城市气候、山地气候以及湖泊气候等；小气候是指更小范围的气候，如贴地气层和小范围特殊地形下的气候（如一个山头或一个谷地）。

沙尘暴

世界上的沙尘暴

世界上共有四大沙尘暴多发区，分别是北美、大洋洲、中亚以及中东地区。

北美洲的沙漠主要分布于美国西部和墨西哥的北部。在与沙漠接壤的荒漠干旱区，沙尘暴时有发生，甚至在大平原上爆发了历史上著名的黑风暴。北美洲沙尘暴发生的原因主要是土地利用不当、持续干旱等。20 世纪 30 年代美国西部大平原发生了一场特大沙尘暴，被称为黑风暴，在这场美国历史上最严重的沙尘暴中，大平原损失了 3 亿吨的肥沃土壤。浩劫之后，众多城镇成了荒无人烟的空城。许多人被迫向加利福尼亚迁移,引发了美国历史上最大的移民潮。

澳大利亚是个干旱国家,陆地面积的74.8%属于干旱和半干旱地区。澳大利亚的中部和西部海岸地区沙尘暴最为频繁,每年平均有五次之多。由于许多地方气候干燥,加上耕作和放牧,土壤表层缺乏植被的覆盖,导致了土地的逐渐沙化,一旦刮起大风,沙尘暴就会发生。

亚洲中部的荒漠区也在不断扩大,中亚五国是荒漠化比较严重的地区,总面积有近400万平方公里。由于人口的快速增加,人为过量灌溉用水,乱砍滥伐森林,超载放牧,草场退化,沙漠化十分严重。中亚地区盐土面积非常辽阔,达到15万平方公里,所以造成了沙尘暴和盐尘暴的混合发生。

中东地区的沙尘暴主要在非洲撒哈拉沙漠南缘地区,从20世纪70年代初到80年代中期,由于连年旱灾以及过量放牧和开垦,造成草场退化,田地荒芜,沙漠化土地蔓延,沙尘暴加剧,人们的生活环境急剧恶化。频繁的沙尘暴还殃及其他地区,有的沙尘被风带过大西洋到达了南美洲亚马孙地区,还有沙尘被吹到了欧洲。

什么是沙尘暴

沙尘暴是沙暴和尘暴两者兼有的总称,是指强风把地面大量沙尘物质吹起卷入空中,使空气特别混浊,水平能见度小于1千米的严重风沙天气现象。其中沙暴是指大风把大量沙粒吹入近地层所形成的挟沙风暴;尘暴则是大风把大量尘埃及其他细粒物质卷入高空所形成的风暴。

沙尘暴的形态特征

风沙墙耸立

大陆强沙尘暴多从西北方向或西方推移过来,也有少数从东方推移过来。几乎所有的沙尘暴来临时,我们都可以看到风刮来的方向上有黑色的风沙墙快速地移动着，越来越近。远看风沙墙高耸如山，极像一道城墙，是沙尘暴到来的前锋。

漫天昏黑

强沙尘暴发生时由于刮起8级以上大风，风力非常大，能将石头和沙土卷起。随着飞到空中的沙尘越来越多，浓密的沙尘铺天盖地，遮住了阳光，使人在一段时间内看不见任何东西，就像在夜晚一样。

翻滚冲腾

刮黑风时，靠近地面的空气很不稳定，下面受热的空气向上升，周围的空气流过来补充，以致空气携带大量沙尘上下翻滚不息，形成无数大小不一的沙尘团在空中交汇冲腾。

流光溢彩

风沙墙的上层常显黄至红色，中层呈灰黑色，下层为黑色。上层发黄发红是由于上层的沙尘稀薄，颗粒细，阳光几乎能穿过沙尘射下来的原因。而下层沙尘浓度大，颗粒粗，阳光几乎全被沙尘吸收或散射，所以发黑。风沙墙移过之地，天色时亮时暗，不断变化。这是由于光线穿过厚薄不一、浓稀也不一致的沙尘带所造成的。

2010年青海格尔木强烈沙尘暴

沙尘暴的等级分类

沙尘暴强度划分为四个等级。

1级：4级≤风速≤6级，500米≤能见度≤

1000 米,称为弱沙尘暴。

2 级: 6 级≤风速≤8 级,200 米≤能见度≤500 米,称为中等强度沙尘暴。

3 级: 风速≥9 级,50 米≤能见度≤200 米,称为强沙尘暴。

4 级: 当其达到最大强度(瞬时最大风速≥25 米/秒,能见度≤50 米,甚至降低到 0 米)时,称为特强沙尘暴(或黑风暴,俗称“黑风”)。

沙尘天气过程分为四类。

浮尘天气过程: 在同一次天气过程中,中国天气预报区域内 5 个或 5 个以上国家基本(准)站在同一观测时次出现了浮尘天气。

扬沙天气过程: 在同一次天气过程中,中国天气预报区域内 5 个或 5 个以上国家基本(准)站在同一观测时次出现了扬沙天气。

沙尘暴天气过程: 在同一次天气过程中,中国气预报区域内 3 个或 3 个以上国家基本(准)站在同一观测时次出现了沙尘暴天气。

强沙尘暴天气过程:在同一次天气过程中,中国天气预报区域内 3 个或 3 个以上国家基本(准)站在同一观测时次出现了强沙尘暴天气。

沙尘暴的成因

● 自然条件 ●

地面上的沙尘物质,是形成沙尘暴的物质基础

足够强劲持久的大风,是形成沙尘暴的动力基础,也是沙尘暴能够长距离输送的动力保证。

根据观测,当强沙尘暴形成时,如果风速每秒达到 30 米(11 级风),那么粗沙(直径 0.5 ~ 1.0 毫米)会飞离地面几十厘米,细沙(直径 0.125 ~ 0.25 毫米)会飞起 2 米高,粉沙(直径 0.05 ~ 0.005 毫米)可达到 1.5 公里的高度,粘粒(直径小于 0.005 毫米)则可飞到更高的高度。

不稳定的空气状态

生活中在捅火炉的时候，炉火烧得正旺，轻轻一捅，常会使炉灰飞满屋子；而当炉火熄灭后，即使用较大的劲去捅炉灰也不会扬起灰尘，这就涉及空气稳定程度的问题了。炉火熄灭后，火炉上下的空气温度相差不大，因而空气稳定；当炉火燃烧很旺时，靠近火炉上空的空气热，离火炉较远的空气比较凉，热空气比冷空气轻，容易上升，所以火炉上面的空气是不稳定的。这样，被捅动的炉灰很容易随着热空气向上升，然后飘飞满屋。在自然界里，沙尘暴起沙的道理也是这样的：如果低层空气温度较低，比较稳定，受风吹动的沙尘将不会被卷扬得很高；如果低层空气温度高，则不稳定，容易向上运动，风吹动后沙尘将会卷扬得很高，形成沙尘暴。这是重要的局地热力条件，沙尘暴多发生于午后、傍晚，也说明了局地热力条件的重要性。

干旱的气候环境

沙尘暴多发生于北方的春季，而且降雨后一段时间内不会发生沙尘暴是很好的证据。

● 物理因素●

在极有利的大尺度环境、高空干冷急流和强垂直风速、风向切变及热力不稳定层结条件下，引起锋区附近中小尺度系统生成、发展，加剧了锋区前后的气压、温度梯度，形成了锋区前后的巨大压温梯度。在动量下传和梯度偏差风的共同作用下，使近地层风速陡升，掀起地表沙尘，形成沙尘暴或强沙尘暴天气。

沙尘暴的主要危害方式

强风

携带细沙粉尘的强风摧毁建筑物及公用设施，造成人畜伤亡。

沙埋

以风沙流的方式造成农田、渠道、村舍、铁路、草场等被大量流沙掩埋，尤其是对交通运输造成严重威胁。

土壤风蚀

每次沙尘暴的沙尘源和影响区都会受到不同程度的风蚀危害，风蚀深度可达 1 ~ 10 厘米。据估计，中国每年由沙尘暴产生的土壤细粒物质流失高达 $10 \sim 10^7$ 吨，其中绝大部分粒径在 10 微米以下，对源区农田和草场的土地生产力造成严重破坏。

大气污染

在沙尘暴源地和影响区，大气中的可吸入颗粒物（TSP）增加，大气污染加剧。2000 年 3 月至 4 月，北京地区受沙尘暴的影响，空气污染指数达到 4 级以上的有 10 天，同时影响到中国东部许多城市。3 月 24 日至 30 日，包括南京、杭州在内的 18 个城市的日污染指数超过 4 级。

对人体的危害

尘暴对人体的危害与颗粒物粒径和形态有关。在空气中暴露时间越长的小颗粒物，越容易进入呼吸道深处，危害越大。从医学上讲，大颗粒物容易被鼻腔吸入支气管和气管，受到咽喉阻挡，沉积在上呼吸道，但它可通过纤毛运动，被推到咽部，随着人的咳嗽、打喷嚏排出体外，危害并不大。而小颗粒物中吸附着有害气体、重金属元素、有机污染物等有害物质。当颗粒物进入上呼吸道后，这些有害物质对上呼吸道产生刺激和腐蚀作用，使呼吸道的防御系统遭到破坏，引起慢性支气管炎、支气管哮喘、肺气肿等疾病。

沙尘天气中出行的人

沙尘暴还能影响人体淋巴结、巨噬细胞的吞噬功能，导致免疫功能下降，增加对细菌感染的敏感性。

沙尘落在人外露的皮肤上，使皮肤腺和汗腺阻塞，可引起皮炎；落入眼中，会导致结膜炎。

此外，紫外线有消毒、杀菌作用，沙尘暴能影响紫外线的辐射强度，致使病菌随空气进行传播。经常发生沙尘暴的地区，会导致儿童佝偻病的发病率上升。

沙尘暴的小小益处

沙尘暴的危害虽然甚多，但整个沙尘暴的过程也是自然生态系统不能或缺的部分，例如澳大利亚的赤色沙暴中所夹带来的大量铁质已证明是南极海洋浮游生物重要的营养来源，而浮游植物又可消耗大量的二氧化碳，以减缓温室效应的危害，因此沙暴的影响层级并非全为负面。或许从另一层面来说，沙尘暴也许是地球为了应对环境变迁的一种症候，就像我们感冒了会发生咳嗽是为了排除气管中的废物一样。科学家还发现，地球上最大的绿肺——亚马孙盆地的雨林也得益于沙尘暴，它的一个重要的养分来源就是空中的沙尘。

此外，由于沙尘暴多诞生在干燥高盐碱的土地上，沙尘暴所挟带的一些土粒当中也经常带有一些碱性的物质，能中和酸雨中的氢离子，所以具有减缓沙尘暴附近沉降区酸雨的作用。

因此，沙尘暴虽然危害甚大，却也是地球自然生态当中的一个必经的过程，因为自人类有史以来，便有沙尘暴的出现了。只是我们应该更积极地找寻异常沙尘暴频率发生的机制，以真正解决异常气候变迁给环境带来的危害。

沙尘暴的防治和应急

加强环境保护，把环境保护提到法制高度上来。

恢复植被，加强防止沙尘暴的生物防护体系。依法保护和恢复林草植被，防止土地沙化进一步扩大，尽可能减少沙尘源地。

根据不同地区因地制宜制定防灾、抗灾、救灾规划，积极推广各种减灾技术，并建设一批示范工程，以点带面逐步推广，进一步完善区域综合防御体系。

控制人口增长，减轻人为因素对土地的压力，保护好环境。

加强沙尘暴的发生、危害与人类活动关系的科普宣传，使人们认识到所生活的环境一旦被破坏，就很难恢复，不仅加剧沙尘暴等自然灾害，还会形成恶性循环，所以人们要自觉地保护自己的生存环境。

应急要点

① 及时关闭门窗，必要时可用胶条对门窗进行密封。

② 外出时要戴口罩，用纱巾蒙住头，以免沙尘侵害眼睛和呼吸道而造成损伤。

③ 机动车和非机动车应减速慢行，密切注意路况，谨慎驾驶。

④ 妥善安置易受沙尘暴损坏的室外物品。

中国沙尘暴的时空分布

● 空间分布 ●

中国的沙尘暴主要发生在北方地区，其中南疆盆地、青海西南部、西藏西部及内蒙古中西部和甘肃中北部是沙尘暴的多发区，年沙尘暴日数在10天以上，南疆盆地和内蒙古西部两地的部分地区超过20天；准噶尔盆地、河西走廊、内蒙古北部等地的部分地区为3～10天；西北的东南部、华北的中南部和东部、黄淮、东北的中西部及新疆、青海、湖北等省（区）的部分地区在3天以下。

春季是中国沙尘暴多发季节。沙尘暴主要分布在北方地区，其中南疆盆地、内蒙古中西部、宁夏、甘肃北部及西藏西部是多发区，沙尘暴日数一般在5天左右，局部地区超过10天。

夏季沙尘暴主要发生在西北及内蒙古中西部一带。南疆大部、河西走廊、青海西北部、内蒙古中西部、西藏西北部等地沙尘暴日数有1~3天，塔克拉玛干沙漠西部及巴丹吉林、腾格里两沙漠的部分地区超过5天。

秋季是一年四季中沙尘暴发生最少的一个季节。南疆大部、西藏西北部、内蒙古西部及甘肃、青海等的部分地区沙尘暴日数有0.5~1天，局部地区超过2天。

冬季沙尘暴主要分布在青藏高原大部及甘肃中西部、宁夏、内蒙古中西部等地，沙尘暴日数一般有1~2天，局部地区超过5天。

年沙尘暴日数极大值分布规律与年沙尘暴日数的分布基本一致。南疆盆地与内蒙古中西部及宁夏、甘肃中北部在30天以上，局部地区有60天左右。另外，西藏西部沙尘暴发生也比较频繁，部分地区亦可达40~50天。

● **时间分布** ●

从中国各月沙尘暴的日数占全年的百分比来看，4月最多，占全年的22.7%；5月次之，占全年的16.8%；10月最少，仅占全年的1.8%。

温室效应

什么是温室效应

温室效应，又称“花房效应”，是大气保温效应的俗称。大气能使太阳短波辐射到达地面，但地表受热后向外放出的大量长波热辐射却被大气吸收，这样就使地表与低层大气温作用类似于栽培农作物的温室，故名温室效应。自工业革命以来，人类向大气中排入的二氧化碳等吸热性强的温室气体逐年增加，大气的温室效应也随之增强，已引起全球气候变暖等一系列极其严重的问题，引起了全世界各国的关注。

大气中的二氧化碳就像一层厚厚的玻璃，使地球变成了一个大暖房。如果没有大气，地表平均温度就会下降到-23℃，而实际地表平均温度为15℃，这就是说温室效应使地表温度提高了38℃。大气中的二氧化碳浓度增加，阻止地球热量的散失，使地球发生可感觉到的气温升高，这就是有名的“温室效应”。

破坏大气层与地面间红外线辐射正常关系，吸收地球释放出来的红外线辐射，就像“温室”一样，促使地球气温升高的气体称为“温室气体”。二氧化碳是数量最多的温室气体，约占大气总容量的0.03%。

形成温室效应的气体，除二氧化碳外，还有其他气体，其中二氧化碳约占75%，氯氟代烷占15%～20%，此外还有甲烷、一氧化氮等30多种气体。有的气体温室效应比二氧化碳还强。

气候变暖，将导致某些地区雨量增加，某些地区出现干旱，飓风力量增强，出现频率也将提高，自然灾害加剧。更令人担忧的是，由于气温升高，将使两极地区冰川融化，海平面升高，许多沿海城市、岛屿或低洼地区将面临海水上涨的威胁，甚至被海水吞没。20世纪60年代末，非洲撒哈拉牧区曾发生持续6年的干旱。由于缺少粮食和牧草，牲畜被宰杀，饥饿致死者超过150万人。

温室效应和全球气候变暖已经引起了世界各国的普遍关注，目前正在推进制定国际气候变化公约，减少二氧化碳的排放已经成为大势所趋。

科学家预测，如果现在开始有节制地对树木进行采伐，到2040年，全球暖化会降低5%，故能减轻全球变暖、冰川融化等现象。

温室效应的由来

温室效应主要是由于现代化工业社会过多燃烧煤炭、石油和天然气产生的和大量排放的汽车尾气中含有的二氧化碳气体进入大气所造成的。

人类活动和大自然还排放其他温室气体，它们是：氯氟烃（CFC，商品名叫氟利昂）、甲烷（CH_4）、低空臭氧（O_3）和氮氧化物气体。海洋中的浮游生物和陆地上的森林，尤其是热带雨林，可吸收大量的二氧化碳。

温室效应的主要影响

环境影响

全球变暖

温室气体浓度的增加会减少红外线辐射放射到太空外,地球的气候因此需要转变来使吸取和释放辐射的分量达到新的平衡。这转变可包括全球性的地球表面及大气低层变暖,因为这样可以将过剩的辐射排放出外。虽然如此,地球表面温度的少许上升可能会引发其他的变动,如大气层云量及环流的转变。其中某些转变可使地面变暖加剧(正反馈),某些转变则可使地面变暖过程减慢(负反馈)。

地球上的病虫害增加

温室效应可使史前致命病毒威胁人类。美国科学家发出警告,由于全球气温上升令北极冰层融化,被冰封十几万年的史前致命病毒可能会重见天日,导致全球陷入疫症恐慌,人类生命受到严重威胁。

纽约锡拉丘兹大学的科学家在《科学家杂志》中指出,早前他们发现一种植物病毒 TOMV(全称 Tomato Masaic Virus,番茄花叶病毒),由于该病毒在大气中广泛扩散,推断在北极冰层也有其踪迹。于是研究员从格陵兰抽取 4 块年龄由 500 至 14 万年的冰块,结果在冰层中发现 TOMV 病毒。研究员指出,该病毒表层被坚固的蛋白质包围,因此可在逆境生存。

这项发现令研究员相信,一系列的流行性感冒、小儿麻痹症和天花等疫症病毒可能藏在冰块深处,人类对这些原始病毒尚无抵抗能力,当全球气温上升令冰层溶化时,这些埋藏在冰层千年或更长时间的病毒便可能会复活,形成疫症。科学家表示,虽然他们不知道这些病毒的生存希望,或者其再次适应地面环境的机会,但肯定不能抹杀病毒卷土重来的可能性。

海平面上升

假若“全球变暖”正在发生,有两种过程会导致海平面升高。

第一种是海水受热膨胀令水平面上升;第二种是冰川和格陵兰及南极洲上的冰块溶解使海洋水分增加。

全球暖化使南北极的冰层迅速融化,海平面上升对岛屿国家和沿海低洼地区带来的灾害是显而易见的,突出的是:淹没土地,侵蚀海岸。全世界岛屿国家有 40 多个,大多分布在太平洋和加勒比海地区,地理面积总和约为 77 万平方公里,人口总和约为 4300 万,依据《联合国海洋法公约》有关规定,这些岛国将负责管理占地球表面 1/5 的海洋环境,其重要战略地位是不言而喻的。尽管这些岛国人均国民收入普遍较高,但极易遭受海洋灾害毁灭性的打击,特别是全球气候变暖海平面上升的威胁最为严重,很多岛国的国土仅在海平面上几米,有的甚至在海平面以下,靠海堤围护国土,海平面上升将使这些国家面临被淹没的危险。

沿海区域是各国经济社会发展最迅速的地区,也是世界人口最集中的地区,占全世界 60% 以上的人口生活在这里。各洲的海岸线约有 35 万公里,其中近万公里为城镇海岸线,海平面上升后,这些地区将是首当其冲的重灾区。有关研究结果表明,当海平面上升 1 米以上,一些世界级大城市,如纽约、伦敦、威尼斯、曼谷、悉尼、上海等将面临浸没的灾难;而一些人口集中的河口三角洲地区更是最大的受害者,特别是印度和孟加拉间的恒河三角洲、越南和柬埔寨间的湄公河三角洲,以及中国的长江三角洲、珠江三角洲和黄河三角洲等。据估算,当海平面上升 1 米时,中国沿海将有 12 万平方公里土地被淹,7000 万人口需要内迁;在孟加拉国将失去现有土地的 12%,占人口总量的 1/10 将出走;占世界海岸线 15% 的印度尼西亚将有 40% 的国土受灾;而工业比较集中的北美和欧洲的一些沿海城市也难幸免。

气候反常

气候反常多是因为全球性温室效应,即二氧化碳这种温室气体浓度增加,使热量不能发散到外太空,使地球变成一个保温瓶,而且还是不断加温的保温瓶。全球温度升高,使得南北极冰川大量融化，海平面上升，导致海啸、台风，夏天非常热、冬天非常冷的气候反常，极端天气增多。

土地沙漠化

土地沙漠化是一个全球性的环境问题。有历史记载以来，中国已有1200万公顷的土地变成了沙漠，特别是近50年来形成的“现代沙漠化土地”就有500万公顷。据联合国环境规划署（UNEP）调查，在撒哈拉沙漠的南部，沙漠每年大约向外扩展150万公顷。全世界每年有600万公顷的土地发生沙漠化。每年给农业生产造成的损失达260亿美元。从1968年到1984年，非洲撒哈拉沙漠的南缘地区发生了震惊世界的持续17年的大旱，给这些国家造成了巨大的经济损失和灾难，死亡人数达200多万。沙漠化使生物界的生存空间不断缩小，已引起科学界和各国政府的高度重视。

经济影响

全球有超过一半人口居住在沿海100公里的范围以内，其中大部分住在海港附近的城市区域。所以，海平面的显著上升对沿岸低洼地区及海岛会造成严重的经济损害，如加速沿岸沙滩被海水的冲蚀、地下淡水被上升的海水推向更远的内陆地区等。

农业

实验证明，在二氧化碳高浓度的环境下，植物会生长得更快速和高大。但是，“全球变暖”的结果可能会影响大气环流，继而改变全球的雨量分布与及各大洲表面土壤的含水量。由于未能清楚了解“全球变暖”对各地区性气候的影响，以致对植物生态所产生的转变亦未能确定。

斯坦福大学地球环境系统助教罗贝尔从1980年开始监测温室效应与农作物生产之间的关系。研究指出，自1980年以来，全球小麦生产下降了5.5%，玉米生产下降了4%，全球稻米和黄豆则没有受到太大影响。

海洋生态

沿岸沼泽地区的消失肯定会令鱼类尤其是贝壳类生物的数量减少。河口水质变咸会减少淡水鱼的品种与数目,相反该地区海洋鱼类的品种也可能相对增多。至于整体海洋生态所受的影响仍未能清楚知道。

水循环

全球降雨量可能会增加,但地区性降雨量的改变则仍未知晓。某些地区可有更多雨量,但有些地区的雨量可能会减少。此外,温度的提高会增加水分的蒸发,这对地面上水源的运用带来压力。

科学家预测:如果地球表面温度继续升高,到 2050 年全球温度将上升 2℃ ~4℃,南北极地冰山将大幅度融化,导致海平面大大上升,一些岛屿国家和沿海城市将淹于水中,其中包括几个著名的国际大都市:纽约、上海、东京和悉尼。

男女比例失调

高温环境容易创造男宝宝,低温环境容易创造女宝宝。研究人员比较担心的是,在全球温度日益增高的温室效应下,男宝宝出生的概率会越来越高,可能会造成男女比例的失衡。

亚马孙雨林逐渐消失

而位于南美洲、全世界面积最大的热带雨林——亚马孙雨林正渐渐消失,让全球暖化危机雪上加霜。

号称地球之肺的亚马孙雨林涵盖了地球表面 5% 的面积,制造了全世界 20% 的氧气及 30% 的生物物种,由于林木遭到盗伐和林地遭到滥垦,亚马孙雨林正以每年 7700 平方英里的面积消退,相当于一个新泽西州的大小,雨林的消退除了会让全球暖化加剧之外,更让许多只能够生存在雨林内的生物面临灭种的危机。在过去的 40 年,雨林已经消失了两成。

新的冰川期来临

全球暖化还有个非常严重的后果,就是导致冰川期来临。南极冰盖的融化导致大量淡水注入海洋,海水浓度降低。“大洋输送带”因此而逐渐停止:暖流不能到达寒冷海域;寒流不能到达温暖海域。全球温度降低,另一个冰河时代来临。北半球大部被冰封,一阵接着一阵的暴风雪和龙卷风将横扫大陆。最终的结果是:可能会造成恐龙时代的再次降临。

温室气体排放达临界值

据国际能源机构估计,2010 年有将近 306 亿吨二氧化碳被“灌入”大气中,按照 2010 年的二氧化碳生产率,不久将会达到“危险气候变化”临界值,到时候全球气温将会上升 2℃,从现在看来,这种趋势是不可避免的了。据国际能源署(IEA)的权威经济学者表示,保持温度上升低于 2 摄氏度已经成为一个十分具有挑战性的事情,而且前景非常令人担忧。

● 主要对策 ●

全面禁用氟氯碳化物

目前,全球正在朝此方向努力推动,是以此案最具实现可能性。倘若此案能够实现,对于至 2050 年为止的地球温暖化,根据估计可以发挥 3% 左右的抑制效果。

保护森林的对策方案

今日以热带雨林为主的全球森林,正在遭到人为持续不断的急剧破坏。有效的应对对策是,赶快停止这种毫无节制的森林破坏,同时实施大规模的造林工作,努力促进森林再生。

汽车燃料的改善

目前,全世界在改善汽车燃油设计方面,仍具有充分发挥的余地。由于此项努力所导致的化石燃料消费削减,估计到了 2050 年,可使温室效应降低 5% 左右。

改善能源使用效率

今日人类生活,到处在大量使用能源,其中以住宅和办公室的冷暖气设备为最。因此,在提升能源使用效率方面,仍然具有大幅改善的余地,这对至 2050 年为止的地球温暖化,预计可以达到 8% 左右的抑制效果。如此一来,或许可以促使生产厂商及消费者在使用能源时有所警惕，避免造成无谓的浪费。而其税金收入，则可用于森林保护和替代能源的开发方面。

鼓励使用天然瓦斯

任何化石燃料一经燃烧，就会排放出二氧化碳来。唯其排放量会因化石燃料种类而有不同。由于天然瓦斯的主要成分为甲烷，故其二氧化碳排放量要比煤炭、石油为低。同样是要产生一千卡的热量，煤炭必须排放相当于0.098克碳量的二氧化碳，石油则为0.085克，若是换成天然瓦斯只需排放0.056克即可。

汽机车的排气限制

由于汽机车的排气中含有大量的氮氧化物与一氧化碳，因此希望减少其排放，这可以对至2050年为止的地球温暖化，分担2%左右的抑制效果。

鼓励使用太阳能

推动“阳光计划”，这方面的努力能使化石燃料用量相对减少，因此对于降低温室效应具有直接效果。不过，就算积极推动此项方案，对于至2050年为止的地球温暖化，只有4%左右的抑制效果。

开发替代能源

利用生物能源作为新的干净能源，亦即利用植物经由光合作用制造出来的有机物充当燃料，借以取代石油等既有的高污染性能源。

设法挖掘海洋吸收碳的潜力

作为地球上最大的碳吸收剂载体，海洋大约吸收了人类碳排放量的三分之一，减少了大气中二氧化碳的含量，延缓了气候变化。其能力很大，潜力也很大。海洋中还存在大面积的“荒漠化”区域，区域内海水中生物量很少，在这些区域，可采取一定的方法，如利用海水温差、风能或波浪能发电，将富含营养的低温深层海水抽到海面，大大促进浮游生物的繁殖，人为营造大量的海洋牧场，进而提高鱼、虾、贝类等的产出，它们死后，部分尸体会沉入海底,这就相当于增加了海洋吸收碳的能力。

臭氧洞

什么是臭氧洞

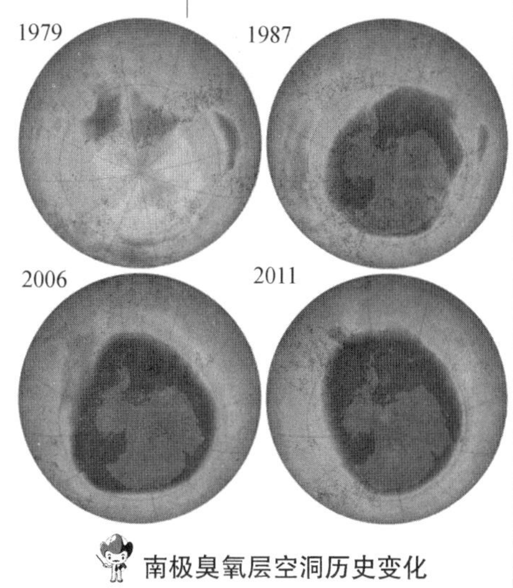

南极臭氧层空洞历史变化

臭氧层是指大气层的平流层中臭氧浓度相对较高的部分,主要作用是吸收短波紫外线。臭氧层空洞是地球大气上空平流层(臭氧层)的臭氧从20世纪70年代开始,以每十年4%的速度递减的一种现象。在两极地区的部分季节,递减速度还超过每十年4%,而在春季时连对流层的臭氧也在减少,形成所谓的臭氧层空洞。

臭氧洞形成的原因

对于臭氧空洞形成的原因,当前主要有三个学说:化学学说、动力学说和太阳活动学说。

● 化学学说 ●

从化学学说的角度来讲,由于人类活动大量生产和使用氟利昂,并使之进入大气层中,大气环流携带着人类活动所排放的氟利昂,随赤道附近的热空气上升,分流向两极。由于氟利昂是一种含氯的有机化合物,当它受到短波紫外线的照射,会发生一系列的化学反应,反应过程中消耗掉一部分臭氧。人为消耗臭氧层的物质主要是:广泛用于冰箱和空调制冷、泡沫塑料发泡、电子器件清洗的氯氟烷烃,以及用于特殊场合灭火的

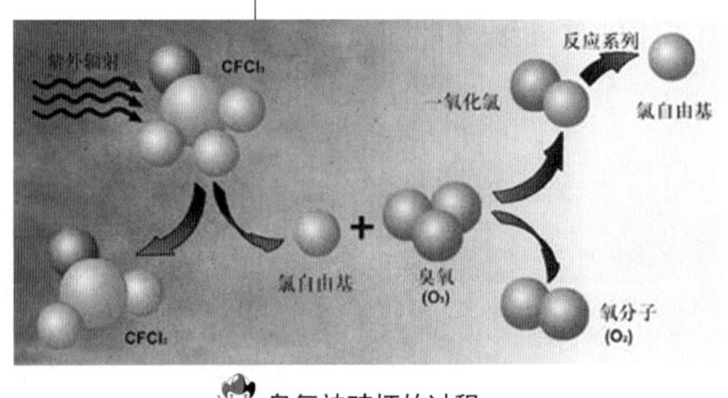

臭氧被破坏的过程

溴氟烷烃等化学物质。

消耗臭氧层的物质，在大气的对流层中是非常稳定的，可以停留很长时间。因此，这类物质可以扩散到大气的各个部位，但是到了平流层后，就会在太阳的紫外辐射下发生光化反应，释放出活性很强的氯离子或溴离子，参与导致臭氧损耗的一系列化学反应。

动力学说

这种观点认为，在南极极夜期间，因中低纬向南极的热量输送效率很低，控制南极上空的极地“旋涡”内部，形成了异常低温环境，光照少，氧分子合成臭氧的光化学作用就会减弱。当极夜结束，春季来临(9 月始)，太阳重新越出地平线时，由于集中于平流层中下层的臭氧对太阳辐射的吸收，这一范围的大气被加热，于是该层出现了上升运动。这一上升运动引起的抽吸作用，将对流层臭氧含量低的气体带入了平流层，替代了原来平流层臭氧含量高的气体。这种“抽吸作用”直到 11 月份才逐渐减弱，此时南极上空臭氧浓度逐渐上升。可见，由于南极春季的这种“抽吸作用”，导致了南极春季臭氧空洞的形成。

太阳活动说

还有的科学家认为，南极臭氧空洞是太阳活动的结果。他们根据研究发现，臭氧的总量跟太阳黑子的活动有明显的关系，而极地作为地球磁极又是太阳活动反应最敏感的地区，比如极光等都是出现在极地，随着紫外线辐射和高能带电粒子流的增加，使大气中氮氧化合物的含量增加，通过光化学反应，破坏了极地上空的臭氧层。

臭氧层被破坏的趋势

南极臭氧空洞恶化

1985 年，英国南极观测站的科学家 Farman 等人，首先提出南极哈雷湾上空的总臭氧量，自 1979 年来每年的南极春季（10 月）便不断下降，至 1985 年已减少 40% 以上。

在长期的监测下，自 1979 年臭氧洞不断向赤道扩张，1982 年至 1991 年的 10 年间，南极臭氧洞的面积扩大了 10 倍，深度增加了 2 倍，被破坏的臭氧量估计为过去的 4.3 倍。且自 1900 年后，南极上空臭氧空洞的形成时间逐渐提早。1987 年 10 月，南极上空的臭氧浓度下降到了 1957 年至 1978 年间的一半，臭氧洞面积则扩大到足以覆盖整个欧洲大陆。从那以后，臭氧浓度下降的速度还在加快，有时甚至减少到只剩 30%，臭氧洞的面积也在不断扩大。

1992 年，南极臭氧洞曾一度最大超过 2300 万平方公里，约为南极大陆面积的 1.5 倍。1993 年，情况亦不乐观，破洞不但遍及南极大陆，且将扩及南美洲部分地区。1994 年 10 月，观测到臭氧洞曾一度蔓延到了南美洲最南端的上空。1995 年观测到的臭氧洞的天数是 77 天，到 1996 年南极平流层的臭氧几乎全部被破坏，臭氧洞发生天数增加到 80 天。1997 年，科学家进一步观测到臭氧洞发生的时间也在提前，1998 年臭氧洞的持续时间超过 100 天，是南极臭氧洞发现以来的最长纪录，而且臭氧洞的面积比 1997 年增大约 15%，几乎相当于三个澳大利亚的面积。这一迹象表明，南极臭氧空洞的损耗状况正在恶化之中。

2011 年 11 月,日本气象厅发布的消息称,2011 年以来测到的南极上空臭氧层空洞面积的最大值超过上年,已相当于过去 10 年的平均水平。日本气象厅利用美国航天局的卫星观测数据,发现 9 月 2 日南极上空臭氧层空洞的面积达到当年截至目前的最大值 2550 万平方公里,约是南极洲面积的 1.8 倍。虽然这个数值低于 2000 年 2960 万平方公里的历史最高纪录,却大幅超过 2010 年南极上空的臭氧层空洞面积 2190 万平方公里,2010 年的这一数值在 20 世纪 90 年代以来的观测值中位列倒数第三。

● 北极首现臭氧空洞 ●

2011 年 10 月,多国研究人员共同完成并发表在《自然》杂志网站上的报告称,对 2011 年春天北极上空臭氧观测数据的分析显示,确认北极首次出现了类似南极上空的臭氧空洞,在 18 ~ 20 公里的高空臭氧减少的幅度超过了 80%,可谓史无前例。面积最大时相当于 5 个德国或美国加利福尼亚州。

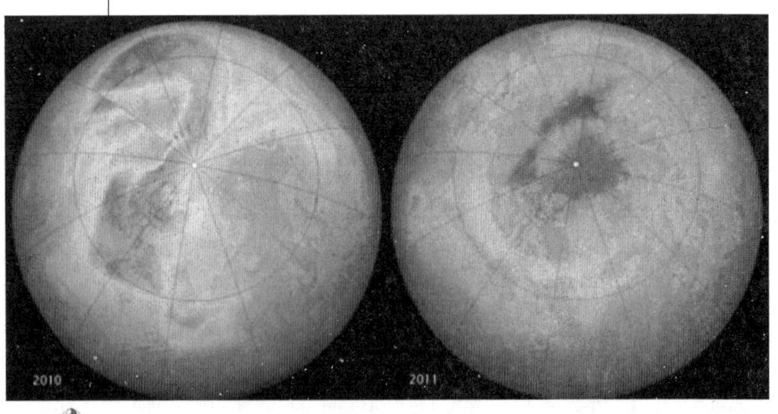

2010年北极上空的臭氧浓度(左)和2011年臭氧浓度的对比图

● 青藏高原臭氧总量减少 ●

20 世纪 90 年代初，中国北京、昆明、黑龙江、浙江、青海等地臭氧观测结果表明，当地的臭氧总量不断减少。同时青藏高原 6 月至 9 月形成了大气臭氧低值中心。拉萨地区上空臭氧总量比同纬度地区低 11%，且 1979 年至 1991 年间臭氧总量平均年递减率达 0.35%。国际保护臭氧层专家警告称，如果任其发展下去，世界屋脊的上空将继南北两极之后，出现世界第三个臭氧层空洞。

臭氧洞对人类的影响

高能量的紫外线（波长为 315～280 纳米）可以导致皮肤癌，另外低层大气（对流层）臭氧增加也会对人类健康产生危害。

鳞状细胞癌和基底细胞癌

鳞状细胞癌和基底细胞癌是最常见的皮肤癌，与被高能量的紫外线辐照关系非常密切。紫外线使 DNA 分子中的碱基嘧啶形成二聚体，导致 DNA 复制时出现错误。皮肤癌虽然死亡率不高，但也需要即时接受外科手术。根据流行病学的统计数据，平流层中的臭氧每减少 1%，皮肤癌的发病率会增加 2%。

恶性黑色素瘤

这是另一种皮肤癌，虽然比较少见，但更为致命，死亡率能达到 15%～20%，此病和紫外线的关系尚不明了。经过用鱼做的试验，证明 90%～95% 的发病和普通紫外线以及可见光有关；用负鼠做的试验则证明和高能量的紫外线关系密切，所以很难确定和臭氧层被消耗之间的关系。有一个研究证明，高能量的紫外线辐射每增加 10%，可导致恶性黑色素瘤男人发病率增加 19%，女人增加 16%。根据对智利最南端的蓬塔阿雷纳斯人群调查，在臭氧层被消耗的 7 年间，恶性黑色素瘤发病率增加了 56%，其他皮肤癌发病率增加了 46%。

白内障

实验研究证明，紫外线和白内障的发病率有关。白种人长期暴露在阳光下，白内障发病率有所增加，且对男人的影响比对女人的影响大。

对流层臭氧增加

臭氧由于其强氧化性，对人体有毒害作用，紫外线作用到汽车尾气也都会产生臭氧。

臭氧洞对动物的影响

伦敦动物协会的科学家们在2010年11月的报告中称，美国加利福尼亚沿海的鲸受阳光伤害的病例有显著上升，估计可能与臭氧层破洞有关。对150头鲸表皮的活组织检查普遍存在被强烈阳光造成的表皮损伤，DNA中存在被紫外线损伤的细胞，结论为可能是由于臭氧层破洞造成的紫外线辐射增强引起的表皮损伤，和近年来人类皮肤癌患者增加的情况相似。

臭氧洞对农作物的影响

有的重要经济作物，例如水稻，根部有共生的蓝藻，为其固定氮，蓝藻对紫外线非常敏感，所以紫外线的增强肯定会对农作物有影响。

保护臭氧层，我们在努力

为了推动氟利昂替代物质和技术的开发与使用，逐步淘汰消耗臭氧层物质，许多国家采取了一系列政策措施。一类是传统的环境管制措施，如禁用、限制、配额和技术标准，并对违反规定实施严厉处罚，欧盟国家和一些经济转轨国家广泛采用了这类措施；另一类是经济手段，如征收税费、资助替代物质和技术开发等。美国对生产和使用消耗臭氧层物质实行了征税和可交易许可证等措施。另外，许多国家的政府、企业和民间团体还发起了自愿行动，采用各种环境标志，鼓励生产者与消费者生产和使用不带有消耗臭氧层物质的材料与产品，其中绿色冰箱标志得到了非常广泛的应用。

为了实施《京都议定书》的规定，1990年6月在伦敦召开的议定书缔约国第二次会议上，决定设立多边基金，对发展中国家淘汰有关物质提供资金援助和技术支持。1991 年建立了临时多边基金，1994 年转为正式多边基金。到 1995 年年底，多边基金共集资 4.5 亿美元，在发展中国家共安排了 1100 多个项目。

到 1995 年，经济发达国家已经停止使用大部分受控物质，但经济转轨国家没有按议定书要求削减受控物质的使用量。发展中国家按规定到 2010 年停止使用，受控物质使用量仍处于增长阶段。中国由于经济持续高速增长，家用电器、泡沫塑料、日用化学品、汽车、消防器材等产品都大幅度增长，受控物质使用量比 1986 年增长了一倍以上，成为世界上使用受控物质最多的国家之一。

从各项国际环境条约执行情况而言，这项议定书执行的是最好的。向大气层排放的消耗臭氧层物质已经逐年减少，从 1994 年起，对流层中消耗臭氧层物质浓度开始下降。但是，由于氟利昂相当稳定，可以存在 50 至 100 年，即使议定书完全得到履行，臭氧层的耗损也只能在 2050 年以后才有可能完全复原。

碳排放

《京都议定书》

由于人类活动所造成的碳排放是造成如今全球变暖的重要原因，而碳排放中的主要物质二氧化碳较为稳定，难以进行大规模处理转化。因此，如何控制人类活动所造成的碳排放的量便是控制全球变暖的重要途径。为此，各国召开了一系列重要会议以制订控制全球变暖和碳排放的计划和目标。

针对全球气候变暖的挑战，国际社会在 1992 年制定了《联合国气候变化框架公约》（以下简称《公约》），并于 1997 年 12 月在日本京都召开的《公约》第三次缔约方大会上达成了《京都议定书》。《京都议定书》要求 30 多个国家和地区（包括发达国家和经济转型国家）在 2008 年至 2012 年间，把温室气体的排放量平均比1990年削减大于5.2%，是国际社会为防止气候变暖做出集体行动的里程碑。

然而在《京都议定书》之后，这领域的后续解决和发展却相对缓慢，美国、澳大利亚拒绝执行《京都议定书》，对《京都议定书》的国际效用造成了负面影响，也对这次里程碑式的国际集体行动造成了重大挫折。此外，《京都议定书》框架下的减排目标已在2012年到期，然而国际社会至今却迟迟未能再签订出一份类似于《京都议定书》这样强制有效的条约，甚至国际社会在后京都时代的当下，都无法制定出一个统一的减排方案和目标。这是因为各国在全球气候治理领域相互博弈，发达国家、发展中国家与岛国国家各执一词，迟迟不能达成妥协。

减排领域遭遇困境的根本原因在于利益的冲突。《京都议定书》的缔约方包括了发达国家和发展中国家，发达国家承担了明确的减排义务，而发展中国家并没有明确的减排义务。但相对来说，由于发展中国家技术落后，能源利用率更低，因此使用相同的能源，造成的碳排放更多。此外，发展中国家对于产业技术的改善和发展的需求远超发达国家，科技研发成本更低，也更容易完成碳排放的减排；而工业化国家原有的高耗能工业基础庞大，减少高排放产业、技术更新、设备更新、削减产量等削减温室气体排放的措施，对于发达国家而言，意味着传统工业衰落、大量工人失业、竞争力的减弱。因此，这样的减排义务的分配引起了发达国家的不满。

而与此同时，发展中国家的立场认为，如今的发展中国家只是在经历发达国家曾经经历过的高污染的工业发展阶段。在发达国家发展工业时，国际并没有重视气候变化的问题，因此并没有限制发达国家的工业发展，但如今却因为气候变化要限制发展中国家的工业发展。此外，碳排放导致气候变化的温室气体在大气中有一定的寿命，因此，发达国家对此有不能推脱的历史责任，而现在的控制碳排放、控制温室气体的行为也不能过于妨碍发展中国家的工业发展。

什么是碳排放

碳排放是二氧化碳和其他温室气体的排放的总称，包括某个区域、某个群体或者某个生物体的温室气体排放量。温室气体中最主要的气体是二氧化碳，所占比重高达60%以上，因此以碳(carbon)一词作为代表。

全球变暖是当今人类面临的非常重要的环境问题，而人类活动引起的碳排放量的增加是全球变暖的重要原因，这已是目前科学界的共识，因此碳排放问题越来越受到各界人士的关注。

碳排放的分类

● 根据碳源不同，分为可再生碳排放和不可再生碳排放 ●

可再生碳排放是指可再生能源的碳排放，包括在地球表面的各种生命体正常的碳循环和消耗可再生能源的碳排放等。

不可再生碳排放是指不可再生能源的碳排放，主要是指将地下的化石能源，如石油、煤炭等开发出来，燃烧后产生的碳排放。

由于不可再生碳排放是将地下的碳元素释放出来，其累积产生的温室效应要比可再生碳排放更大，对环境造成的影响也更加严重。而不可再生碳排放主要来源于人类活动，是目前可以控制的碳排放部分，因此不可再生碳排放已成为学者们研究碳排放的重点研究方向，也成为控制碳排放的主要着手点。

● 根据消费需求，分为生存碳排放和奢侈碳排放 ●

生存碳排放是指在现有经济社会技术条件下，个人或家庭为了满足自身基本生存和发展需求而产生的温室气体排放。目前大多数发展中国家，例如中国的碳排放属于生存碳排放。

奢侈碳排放是指生产和消费高碳奢侈品过程中产生的温室气体排放，它主要是由高收入群体或占据某些资源的特殊群体过度消费引起的，超出了基本生存与发展的范围。

碳排放水平衡量指标

碳排放总量

碳排放总量指标是对某一时段某一区域进行碳排放量计算。按区域尺度不同分为区域碳排放总量指标、国家碳排放总量指标、地方碳排放总量指标等。

人均碳排放

人均碳排放是指一国或地区的温室气体排放总量除以其人口数量得出的碳排放均值,是以个体为单位来衡量碳排放量的衡量指标。实证分析表明,发达国家的人均碳排放量普遍高于发展中国家。

累积碳排放

累积碳排放是指一国在某一时间段累积的碳排放量,这个概念衡量了在气候变化中各国的历史责任,指明由于温室气体在大气中有一定的寿命期。因此,在考虑现实排放责任时,应同时考虑各国的历史责任。

人均累积碳排放

人均累积碳排放是指在某段时间内某个国家或地区人均排放的总和,体现了人均尺度上的历史累积排放对气候变化的贡献。

碳排放强度

以 GDP 为单元计算碳排放量,也就是单位 GDP 的碳排放量,是反映区域的能源利用效率指标,该数值越小表明该区域能源利用效率越高。

酸雨

什么是酸雨

一般地将 pH <5.6 的降水称为酸雨。1872 年,英国化学家 Smith. R. A 在英格兰调查了酸沉降现象,发现世界工业发展先驱城市——曼彻斯特市郊区的降水中含有高浓度 SO_4^{2-},并首次提出酸雨概念,但并未在当时引起重视。直到 1972 年,瑞典政府才开始把酸雨作为一个国际性的环境问题向人类环境会议提交了报告。1975 年,第一次国际性酸雨和森林生态系统讨论会在美国举行,讨论了酸雨对地表、土壤、森林和植被的严重危害,自此酸雨问题才开始受到了重视。中国的酸雨研究开始于 20 世纪 70 年代。

酸雨的形成

在未受污染的大气中形成的降水,其 pH 在 5.6 ~6.0 之间,呈弱酸性,这酸性主要是由于大气中的二氧化碳溶于雨水而形成碳酸的缘故。

从化学角度来看,大气中酸性物质增加或碱性物质减少均可导致降水酸化。随着现代工业的发展,化石燃料能源如煤和石油等的消耗量日益增加,燃烧过程中排放的硫的氧化物和氮的氧化物也随之增加。这些气态化合物在大气中发生反应生成硫酸和硝酸等酸性物质,随雨雪等从大气层降落,增大了雨雪的酸度,形成了酸雨。

影响酸雨形成的主要因素除了人为排放的污染因子外,最重要的是气候因素和土壤因素。由于硫的氧化物和氮的氧化物会在大气中不断迁移,所以酸雨发生的地区并不局限在污染源附近,而是随气候因素和时空的变化呈现大范围的复杂分布。一般情况下,温度越高、湿度越大的地区,酸雨越容易形成。风速越大,污染物越容易扩散,酸雨越不容易形成。此外,雷电天气时,雷电能够促使硫的氧化物和氮的氧化物向酸性更大的形态转化，因此会增加酸雨出现的概率。土壤方面，由于降水会溶解一部分大气杂质，而土壤颗粒也是大气杂质的一个组成部分，因此，土壤也会在一定程度上影响降水的酸性。如果土壤是酸性的，进入大气的是酸性土壤颗粒，就会增大降水的酸性；反之，如果土壤是碱性的，就会减小降水的酸性，降低酸雨出现的概率。

酸雨的危害

● 对水生生态系统的危害 ●

酸雨进入江、河、湖、海等水体中后，会造成水体的酸化，致使水生生态系统的结构和功能发生紊乱。

水体酸化会对水体中的动物或植物的生存和繁殖造成严重的负面影响，从而导致水生物的组成结构发生变化，出现水生态失调的现象。水体酸化可导致鱼类血液与组织失去营养盐分，导致鱼类死亡；水体酸化还会导致耐酸的藻类、真菌增多，有根植物、细菌和浮游动物减少，耐碱厌氧植物死亡消失，从而降低水中有机物的分解率。此外，由于水体酸化，对金属的溶解能力上升，流域土壤和水体底泥中的金属可能会被溶解进入水体中而毒害鱼类。

● 对陆生生态系统的危害 ●

对陆生植物，酸雨破坏植物形态结构、损伤植物细胞膜、抑制植物代谢功能。酸雨会破坏植物叶面上的蜡质保护层，腐蚀叶面，使叶面产生斑点和坏死，从而使森林面积大量减少，破坏森林。酸雨进入土壤中后，改变土壤的性质，通过降低土壤有机质、降低土壤中的营养元素、活化土壤中的有毒有害元素、减少土壤微生物等途径也会间接影响植物的生长。

● 对人体的危害 ●

酸雨对人体会产生直接或间接的影响。酸雨中含有多种致病致癌因素，会损害人体皮肤、咽喉、黏膜和肺部组织等，诱发气管炎、肺气肿等多种呼吸道疾病和癌症。此外，酸雨还会降低儿童的免疫能力。在酸雨作用下，土壤和饮用水水源被污染，其中一些有毒的重金属会在鱼类体中沉积，通过食物链的生物富集作用，进入人类体内并损害人类身体健康。

对建筑物的危害

由于各种基础建筑、露天设备和文物都是直接暴露在大气中遭受酸雨腐蚀，酸雨与这些基础设施的构筑材料发生反应，造成诸如金属的锈蚀、水泥混凝土的剥蚀疏松、矿物岩石表面的粉化侵蚀以及塑料、涂料侵蚀等，从而对许多建筑物、露天设备和文物有很严重的腐蚀作用。对基础建筑和露天设备，例如桥梁、输电铁架等的侵蚀会降低这些建筑和设备的使用寿命，而对文物的侵蚀则会造成更严重的文化上的损失。

被酸雨腐蚀的树木

酸雨的防治

由于酸雨的形成主要是人为排放的污染因子发生反应后溶于降水，增加了降水的酸性，因此，酸雨防治的最根本途径就是减少或消除造成酸雨的排放污染因子的污染源，来控制硫的氧化物和氮的氧化物的排放量。

中国主要围绕控制硫的氧化物的排放量来减少酸雨的形成与发生。我国现在主要的能源燃料是煤,并且在短时间内不会改变这种情况,而煤中通常含有一定的硫,在燃烧过程中变成硫的氧化物,随燃烧废气进入大气,经过一系列转化后进入降水形成酸雨。因此,可在燃料燃烧前、燃烧中和燃烧后采取一些措施,以减少进入大气的硫的氧化物的量。

● 燃烧前的控制 ●

在燃料燃烧前,可以进行一些煤炭的脱硫措施,降低燃烧的煤炭中的硫的含量,从而减少硫的氧化物的产生。在工业化国家应用较广泛的技术包括使用低硫燃料、煤炭加工技术(煤炭脱硫、脱灰、型煤技术等)及煤的气化等。

● 燃烧中的控制 ●

在燃料燃烧过程中,可以采取洁净煤技术,即对燃烧设施进行改造或加入添加剂与目标污染物——硫的氧化物发生反应。中国洁净煤技术主要由以下几部分组成:煤炭加工技术(包括煤炭脱硫、脱灰、型煤技术等)、煤的高效燃烧技术(包括改进燃烧器结构及燃煤方法等方面)、煤炭转化技术(包括煤炭气化、液化及燃料电池等),其中煤的高效燃烧技术是核心。

● 燃烧后的控制 ●

在燃料燃烧后,可以进行烟气脱硫,即将烟气中硫的氧化物进行收集反应处理,从而阻止它跟随烟气进入大气中,形成酸雨。国际成功的经验证明,烟气脱硫是控制酸雨和二氧化硫污染的最主要技术手段,也是唯一可大规模商业化推广应用的脱硫方式。

光化学烟雾

洛杉矶光化学烟雾污染事件

洛杉矶是美国西南海岸的城市，从 1943 年开始，人们就发现这座城市一改以往的温柔，变得“疯狂”起来。每年从夏季至早秋，只要是晴朗的日子，城市上空就会出现一种弥漫天空的浅蓝色烟雾，使整座城市上空变得浑浊不清。这种烟雾使人眼睛肿痛发红，咽喉疼痛，呼吸憋闷，头昏、头痛。1943 年以后，烟雾更加肆虐，以致远离城市 100 千米以外的海拔 2000 米高山上的大片松林也因此枯死，柑橘减产。1955 年，因呼吸系统衰竭死亡的 65 岁以上的老人达 400 多人；1970 年，约有 75% 以上的市民患上了红眼病。这就是最早出现的新型大气污染事件——洛杉矶光化学烟雾污染事件。

什么是光化学烟雾

光化学烟雾是汽车、工厂等污染源排入大气的碳氢化合物(HC)和氮氧化物(NOx)等一次污染物在阳光(紫外光)作用下发生光化学反应生成二次污染物。氮氧化物主要是一氧化氮(NO)和二氧化氮(NO_2)，两者都是对人体有害的气体。氮氧化物和碳氢化合物在大气环境中受强烈的太阳紫外线照射后，发生光化学和热化学反应，在这种复杂的光化学反应过程中，产生了以臭氧为主的醛、酮、酸、过氧乙酰硝酸酯(PAN)等二次污染物。参与光化学反应过程的一次污染物和二次污染物的混合物(其中有气体污染物，也有气溶胶)所形成的烟雾污染现象，是碳氢化合物在

光化学烟雾

紫外线作用下生成的有害浅蓝色烟雾。

光化学烟雾的组成成分

颗粒物成分

大气灰霾存在大量含氮有机颗粒物。经过源解析技术，这些包括含氮有机颗粒物在内的有机物被识别出了四类有机组分：氧化型有机颗粒物、油烟型有机物、氮富集有机物、烃类有机颗粒物。颗粒物里面的有机物种类有多种，包括含氮的有机物。有机物占 PM 2.5 质量浓度的 20% ~60%，能识别出 200 多种有机化合物，主要物种有脱氧单糖苷、正构烷烃、正构烷酸、多环芳烃以及其他多种源的示踪物。大气颗粒物中有机物通常分为烷烃、烯烃、炔烃、芳香烃、卤代烃、醇、酚、醚、醛、酮、羧酸、酯等。

过氧乙酰硝酸酯又称过氧乙酰硝酸盐，是光化学烟雾的主要组分，为强氧化剂，常温下为气体，易分解生成硝酸甲酯、二氧化氮、硝酸等。大气中 PAN 的浓度水平是衡量光化学烟雾污染程度的重要指标之一。在对流层里存在的臭氧属于一种对生物有害的污染物，是光化学烟雾的组成部分之一（而平流层即臭氧层中的臭氧则是对生物至关重要的紫外线吸收剂）。

光化学烟雾的形成过程

20 世纪 40 年代，在美国加利福尼亚州洛杉矶首先发现了光化学烟雾。1951 年，哈根最先指出臭氧是氮氧化物、碳氢化合物和空气的混合物通过光化学反应生成的。后来，温特发现臭氧与不饱和烃（如汽车废气中的烃类）的化学反应产物跟洛杉矶烟雾有相同的伤害效应。形成臭氧的活性有机物和氮氧化物的主要来源是汽车排放的尾气。

通过对光化学烟雾形成的模拟实验，已经初步明确在碳氢化合物和氮氧化物的相互作用方面主要有以下过程：空气中的一氧化碳、碳氢化合物、氮氧化物以及铅尘、炭黑等物质，在阳光的照射下温度增高，受阳光中紫外线的作用，污染物发生化学反应,从而生成了过氧酰基硝酸酯等物质,即光化学烟雾。

光化学烟雾的形成及其浓度,除受汽车排气中污染物的数量和浓度直接决定以外,还受太阳辐射强度、气象以及地理等条件的影响。太阳辐射强度是一个主要条件,太阳辐射的强弱,主要取决于太阳高度,即太阳辐射线与地面所成的投射角以及大气透明度等。因此,光化学烟雾的浓度,除受太阳辐射强度的日变化影响外,还受该地的纬度、海拔高度、季节、天气和大气污染状况等条件的影响。

光化学烟雾是一种循环过程,白天生成,傍晚消失。污染区大气的实测表明,一次污染物 CH 和 NO 的最大值出现在早晨交通繁忙时刻,随着 NO 浓度的下降,NO_2 浓度增大,O_3 和醛类等二次污染物随着阳光增强和 NO_2、HC 浓度降低而积聚起来。它们的峰值一般比 NO 峰值的出现要晚 4 ~ 5 小时。二次污染物 PAN 浓度随时间的变化与臭氧和醛类相似。城市和城郊的光化学氧化剂浓度通常高于乡村,许多乡村地区光化学氧化剂的浓度增高,有时甚至超过城市。这是因为光化学氧化剂的生成不仅包括光化学氧化过程,而且还包括一次污染物的扩散输送过程,是这两个过程共同作用的结果。因此,光化学氧化剂的污染不只是城市的问题,还是区域性的污染问题。短距离运输可造成 O_3 的最大浓度出现在污染源的下风向,中尺度运输可使臭氧扩散到上百公里的下风向,如果同大气高压系统相结合可传输几百公里。

在纬度 60°N ~ 60°S 间的一些大城市,都可能发生光化学烟雾。光化学烟雾主要发生在阳光强烈的夏、秋季节。随着光化学反应的不断进行,反应生成物不断蓄积,光化学烟雾的浓度不断升高,3 ~ 4 小时后达到最大值。这种光化学烟雾可随气流飘移数百公里,使远离城市的农村庄稼也受到损害。

光化学烟雾的主要危害

● 对人类、动物健康的危害 ●

人类和动物受到光化学烟雾的伤害后，眼睛和呼吸道黏膜就会受到强烈的刺激，引起眼睛红肿、视觉敏感度、视力降低以及喉炎、感觉头痛、呼吸困难，严重的还可诱发淋巴细胞染色体畸变，损害酶的活性和溶血反应，长期吸入氧化剂会影响体内细胞的新陈代谢，加速衰老。

在美国加利福尼亚州，由于光化学烟雾的作用，曾使该州3/4 的人发生红眼病。日本东京1970 年发生光化学烟雾时期，有 2 万人患了红眼病。研究表明，光化学烟雾中的 PAN 是一种极强的催泪剂，其催泪作用相当于甲醛的 200 倍。另一种眼睛强刺激剂是过氧苯酰硝酸酯（PBN），它对眼的刺激作用比 PAN 大约强 100 倍。空气中的飘尘在眼刺激剂作用方面能起到把浓缩眼刺激剂送入眼中的作用。

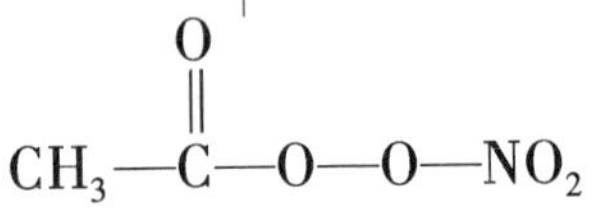

$$CH_3-\overset{\overset{O}{\|}}{C}-O-O-NO_2$$

（PAN）

$$C_6H_5-\overset{\overset{O}{\|}}{C}-O-O-NO_2$$

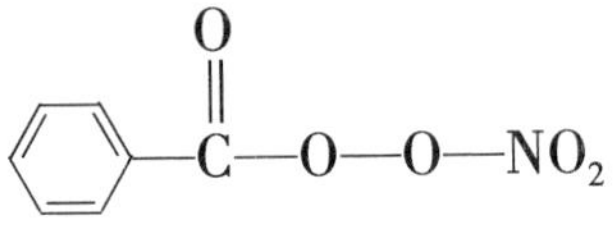

（PBN）

● 对植物的危害 ●

植物受到光化学烟雾损害后，开始表皮褪色，呈蜡质状，经一段时间后，色素发生变化，叶片上出现红褐色斑点。PAN 使叶子背面呈银灰色或古铜色，影响植物的生命，降低植物对病虫害的抵抗力。

对建筑材料的破坏

因平流层臭氧损耗导致阳光紫外线辐射的增加会加速建筑、喷涂、包装及电线电缆等所用材料,尤其是聚合物材料的降解和老化变质。特别是在高温和阳光充足的热带地区,这种破坏作用更为严重。每年全球由于这一破坏作用造成的损失估计达到数十亿美元。

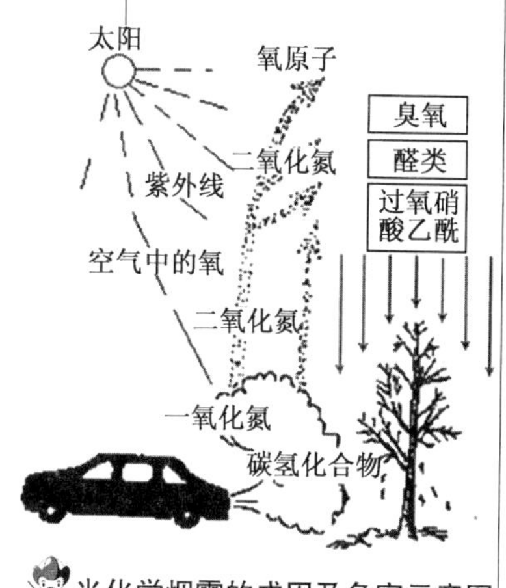

光化学烟雾的成因及危害示意图

降低大气的能见度

光化学烟雾的重要特征之一是使大气的能见度降低、视程缩短。这主要是由污染物质在大气中形成的光化学烟雾气溶胶所引起的。这种气溶胶颗粒大小使其不易因重力作用而沉降,能较长时间悬浮于空气中,长距离迁移。它们与人视觉能力的光波波长相一致,能散射太阳光,从而明显地降低了大气的能见度,因而妨害了汽车与飞机等交通工具的安全运行,导致交通事故增多。

光化学烟雾的防治措施

控制机动车尾气的排放

除控制工业污染源外,主要是改善汽车发动机的结构与工作状态和安装尾气催化转化器,前者可降低燃料消耗、减少有害气体排放,后者可使尾气无害化。

控制碳氢化合物,尤其控制反应活性高的有机物(如烯烃、含有侧链的芳烃)的排放,能有效地控制光化学烟雾的形成和发展。

控制氮氧化物、碳氢化物、一氧化碳的排放,尤其是前两种污染物，机动车的尾气控制是关键，比如安装尾气净化装置和对发动机进行局部改进。

机动车氮氧化物的排放量虽然占排放总量的比例不大，但对城市中心的贡献率较高，尤其是在非采暖期，是形成光化学烟雾的主要来源。对机动车排放氮氧化物的控制应结合目前的城市“双达标”工作，强化在用车的检查/维修制度，对部分尾气排放严重的车辆实行加装尾气催化净化装置、高能电子点火装置、化油器电控补气加闭环三元催化净化装置等技术改造，制定切实可行的淘汰老旧机动车的管理办法，严格执行老旧车报废制度，加强城市道路建设和交通管理，利用交通管理系统及信号系统保证交通畅通，对有些车辆可以规定其行驶路线，同时积极促进排污量小的环保型汽车的普及和推广，大力发展公共交通事业，这将对城市空气质量的改进起到积极的作用。

● 改革燃料 ●

采用液化天然气、氢气、液化煤气与柴油的混合燃料和无铅汽油来代替有铅汽油作为汽车燃料，是减少汽车尾气污染的有效措施。采用天然气作燃料，在燃烧时不仅排出的污染物极少，没有气味和铅化物，而且噪声很小，从而减少发生光化学烟雾污染的可能性。

推广使用生物液体燃料。与传统车用燃料相比，生物液体燃料可潜在地带来二氧化碳减排。中国已经是世界燃料乙醇的第三大生产国和使用国，燃料乙醇在全国9个省区的车用燃料市场得以推广和使用。

● 研究无公害汽车和发展高效交通系统 ●

从发展远景来看，发展无公害汽车，如电子汽车、电动汽车和蒸汽汽车等。发展高效率城市交通系统以代替市内汽车，都是减少汽车尾气排放和防止光化学烟雾污染城市大气的重要措施，如使用氢作为发动机燃料，利用氢氧燃料电池供电来驱动运输工具（电动车），利用电磁感应的方法推动火车（超导悬浮列车）等。利用清洁能源，开发无污染运输已引起科学家和各国政府的高度重视。

植树造林

实验证明，树木在一定浓度范围内能吸收各种有毒气体，使污染的空气得以净化。因此，应大力提倡植树造林，绿化环境。植物中的七里香不仅能吸收光化学烟雾，还能防尘隔音。

七里香

提高全民环保意识

如随手关灯，使用高效节能灯泡等。美国的能源部门估计，单单使用高效节能灯泡代替传统电灯泡，就能减少4亿吨二氧化碳的释放。采用低碳烹调法，尽量节约厨房里的能源。购买洗衣机、电视机或其他电器时，选择可靠的低耗节能产品。节省取暖和制冷的能源等。

加强节能减排，大力发展循环经济

构建跨产业生态链，推进行业间废物循环。要强化技术创新，推进企业清洁生产，从源头上减少废物的产生，实现由末端治理向污染预防和生产全过程控制转变，促进企业能源消费、燃料废气的减量化与资源化利用，控制和减少污染物排放，提高资源利用效率。

雾霾

气象学上的雾霾

雾(Frog):近地面空气中的水汽凝结成大量悬浮在空气中的微小水滴或冰晶,导致水平能见度低于1公里的天气现象。相对湿度95%以上的低能见度。

霾(Haze):大量极细微的干尘粒等均匀地浮游在空中,使水平能见度小于10公里的空气普遍混浊现象,相对湿度小于80%。霾是一种自然天气现象,好似笼罩在城市上空的雾纱,又称“大气棕色云”。

雾霾:雾和霾的混合物,但主要成分是霾,相对湿度80%~95%。

通俗地讲,云是飘在天上的雾,雾是落在地上的云,霾也就是飘浮在空气中的细颗粒物。

雾霾的组成成分

霾是由空气中的灰尘、硫酸、硝酸、有机碳氢化合物等粒子组成的。它能使大气浑浊,视野模糊并导致能见度恶化,如果水平能见度小于1万米时,将这种非水成物组成的气溶胶系统造成的视程障碍称为霾或灰霾,香港天文台称烟霞。

雾霾主要由二氧化硫、氮氧化物和可吸入颗粒物这三项组成,它们与雾气结合在一起,让天空瞬间变得阴沉灰暗。颗粒物的英文缩写为PM,北京监测的是细颗粒物(PM 2.5),也就是空气动力学当量直径小于等于2.5微米的污染物颗粒。这种颗粒本身既是一种污染物,又是重金属、多环芳烃等有毒物质的载体。

霾粒子的分布比较均匀,而且灰霾粒子的尺度比较小,从0.001微米到10微米,平均直径为1~2微米,肉眼看不到空中飘浮的颗粒物。由于灰尘、硫酸、硝酸等粒子组成的霾,其散射波长较长的光比较多,因而霾看起来呈黄色或橙灰色。

雾霾的主要来源

人为因素

（1）汽车尾气。使用柴油的大型车是排放PM10的“重犯”，包括大公交、各单位的班车以及大型运输卡车等。使用汽油的小型车虽然排放的是气态污染物，比如氮氧化物等，但遇上雾天，也很容易转化为二次颗粒污染物，加重雾霾。

机动车的尾气是雾霾颗粒组成的最主要的成分，最新的数据显示，北京雾霾颗粒中机动车尾气占22.2%，燃煤占16.7%，扬尘占16.3%，工业占15.7%。但随着汽车技术进步以及油品质量的上升，环境管理者发现机动车尾气对雾霾天气形成并不起决定性作用，但作为一些汽车拥有量较大的城市，管理者依旧需要控制机动车排放标准，避免雾霾天气的形成。

（2）北方到了冬季烧煤供暖所产生的废气。

（3）工业生产排放的废气。比如冶金、窑炉与锅炉、机电制造业，还有大量汽修喷漆、建材生产窑炉燃烧排放的废气。

（4）建筑工地和道路交通产生的扬尘。

（5）可生长颗粒。细菌和病毒的粒径相当于PM 0.1～PM 2.5，空气中的湿度和温度适宜时，微生物会附着在颗粒物上，特别是油烟的颗粒物上，微生物吸收油滴后转化成更多的微生物，使得雾霾中的生物有毒物质生长增多。

（6）家庭装修中也会产生粉尘“雾霾”。室内粉尘弥漫，不仅有害工人与住户健康，增添清洁负担，粉尘严重时，还给装修工程带来诸多隐患。

气候因素

在水平方向静风现象增多

城市里大楼越建越高，阻挡和摩擦作用使风流经城区时明显减弱。静风现象增多，不利于大气中悬浮微粒的扩散稀释，容易在城区和近郊区周边积累。

垂直方向上出现逆温

逆温层好比一个锅盖覆盖在城市上空，这种高空的气温比低空气温更高的逆温现象，使得大气层低空的空气垂直运动受到限制，空气中悬浮微粒难以向高空飘散而被阻滞在低空和近地面。

空气中悬浮颗粒物和有机污染物的增加

随着城市人口的增长和工业发展、机动车辆猛增，导致污染物排放和悬浮物大量增加。

雾霾的主要危害

对人体产生的危害

对呼吸系统的影响。霾的组成成分非常复杂，包括数百种大气化学颗粒物质。其中有害健康的主要是直径小于 10 微米的气溶胶粒子，如矿物颗粒物、海盐、硫酸盐、硝酸盐、有机气溶胶粒子、燃料和汽车废气等，它能直接进入并粘附在人体呼吸道和肺泡中。

对心血管系统的影响。雾霾天对人体心脑血管疾病的影响也很严重，会阻碍正常的血液循环，导致心血管病、高血压、冠心病、脑溢血，可能诱发心绞痛、心肌梗死、心力衰竭等，使慢性支气管炎出现肺源性心脏病等并发症。

雾霾天气还可导致近地层紫外线的减弱，使空气中的传染性病菌的活性增强，传染病增多。

不利于儿童成长。由于雾天日照减少，儿童紫外线照射不足，体内维生素 D 生成不足，对钙的吸收大大减少，严重的会引起婴儿佝偻病、儿童生长减慢。

影响心理健康。

对生态环境和交通造成的危害

影响交通安全

雾霾天气时，由于空气质量差，能见度低，容易引起交通阻塞，发生交通事故。

影响生态环境

雾霾天气对公路、铁路、航空、航运、供电系统、农作物生长等均产生重要影响。雾、霾会造成空气质量下降，影响生态环境，给人体健康带来较大危害。

预防措施

雾霾天气少开窗，可以选择中午阳光较充足、污染物较少的时候短时间开窗换气。

雾霾天尽量减少出门，出门时戴口罩。

避免雾天锻炼，可以改在太阳出来后再晨练，也可以改为室内锻炼。

饮食清淡，多吃蔬菜、豆制品；多喝水，多喝茶；多吃梨等水果。

雾霾事件

2012 年至今，北京持续性雾霾。

北京 2012 年霾天达到 124 天，为过去十年之最。北京属于季风气候，一日刮起南风，雾霾污染物就会迅速扩散至北京境内。

北京市气象局专家表示，雾和霾的天气往往是一种连带关系。一旦空气的流动性不好，就容易形成这两种天气，霾的主要成分就是空气中的悬浮颗粒物。

根据数据显示，近十年来，2012 年的霾天最多，达到 124 天。近三十年来，1980 年霾天数最多，达到 135 天。北京气象台建站以来，1951 年，达到 261 天。

空气中的悬浮颗粒物肉眼是看不见的，但它们能降低空气的能见度，导致灰

如何鉴别雾与霾？

雾与霾从某种角度来说是有很大差别的。出现雾时空气潮湿；出现霾时空气则相对干燥，空气相对湿度通常在 60% 以下。其形成原因是大量极细微的尘粒、烟粒、盐粒等均匀地浮游在空中，使有效水平能见度小于 10 千米的空气混浊的现象。霾的日变化一般不明显。当气团没有大的变化，空气团较稳定时，持续出现时间较长，有时可持续 10 天以上。由于雾霾、轻雾、沙尘暴、扬沙、浮尘等天气现象，都是因浮游在空中大量极微细的尘粒或烟粒等影响致使有效水平能见度小于 10000 米，有时使气象专业人员都难以区分。必须结合天气背景、天空状况、空气湿度、颜色气味及卫星监测等因素来综合分析判断，才能得出正确结论，而且雾和霾的天气现象有时是相互转换的。

霾天。空气中不同大小的颗粒物都能降低能见度,不过,与粗颗粒物相比,细颗粒物降低能见度的能力更强,是灰霾天能见度降低的主要原因。

PM 2.5

什么是 PM 2.5

PM 2.5(全称 Particulate Matter 2.5,细颗粒物)是指空气动力学当量直径小于或等于 2.5 微米的颗粒物,也称可入肺颗粒物。PM10 则是指空气动力学当量直径小于或等于 10 微米的颗粒物,也称可吸入颗粒物。虽然 PM 2.5 只是地球大气成分中含量很少的组分,但它对空气质量和能见度等有重要的影响。与较粗的大气颗粒物相比,PM 2.5 粒径小,富含大量的有毒、有害物质,且在大气中的停留时间长、传输距离远,因而对人体健康和大气环境质量的影响更大。

PM 2.5 中的最毒物质

研究表明,直径小于或等于 2.5 微米的细小颗粒空气污染物主要分为四类,即蓬松的煤烟聚集物、长条状矿物灰尘、球状浮尘及其他颗粒物,其中蓬松且富集碳的煤烟聚集物具有很高的粘附性,易于聚集其他种类的颗粒,导致其化学成分的混合及毒性的增强。

科学家们判断,这种来自碳氢化合物、不完全燃烧生成的蓬松且富集碳的煤烟聚集物,对人体最具毒害。

在所有的有害空气污染物中,由于 PM 2.5 可以侵入最小的气管而进入肺部,因而其对人类健康最具危害性。

PM 2.5 的生成来源

● 自然源 ●

自然源包括土壤扬尘(含氧化物矿物和其他成分)海盐(颗

粒物的第二大来源，其组成与海水的成分类似）、植物花粉、孢子、细菌等。自然界中的灾害事件，如火山爆发向大气中排放的大量的火山灰，森林大火或裸露的煤原大火及尘暴事件都会将大量细颗粒物输送到大气层中。

人为源

人为源包括固定源和流动源。其主要方式为汽车尾气、燃煤取暖、工业排放。固定源包括各种燃料燃烧源，如发电、冶金、石油、化学、纺织印染等各种工业过程、供热、烹调过程中燃煤与燃气或燃油排放的烟尘。流动源主要是各类交通工具在运行过程中使用燃料时向大气中排放的尾气。机动车尾气占了 PM 2.5 排放量的1/3。以目前使用最多的 92 号汽油为例，汽车发动机每燃烧 1 千克汽油，就排出 200 克左右一氧化碳、8 克左右碳氢化合物、20 克左右氧化氮等污染物。

PM 2.5 可以由硫和氮的氧化物转化而成。而这些气体污染物往往是化石燃料（煤、石油等）和垃圾的燃烧产生的。在发展中国家，煤炭燃烧是家庭取暖和能源供应的主要方式。根据科学测算：燃烧 1 吨标准煤将产生二氧化碳 2.62 吨、二氧化硫 8.5 公斤、氮氧化物 7.4 公斤。这些污染物的排放直接导致了如北京等城市的冬季空气质量的恶化，所以，供暖与 PM 2.5 指数密切相关。工业生产不仅直接向环境排放粉尘、烟尘、二氧化硫等一次污染物，而且排放的氮氧化物、挥发性有机物等污染物在环境中通过化学反应，产生 PM 2.5 等二次污染物。北京工业企业排放的 PM 2.5 占北京 PM 2.5 本地来源的 22%。

没有先进废气处理装置的柴油汽车也是颗粒物的来源。燃烧柴油的卡车，排放物中的杂质导致颗粒物较多。在室内，二手烟是颗粒物最主要的来源。颗粒物的来源是不完全燃烧，因此只要是靠燃烧的烟草产品，都会产生具有严重危害的颗粒物，使用品质较佳的香烟也只是吸烟者的自我安慰，甚至可能因为臭味较低而造成更大的危害;同理也适用于金纸燃烧、焚香及燃烧蚊香。

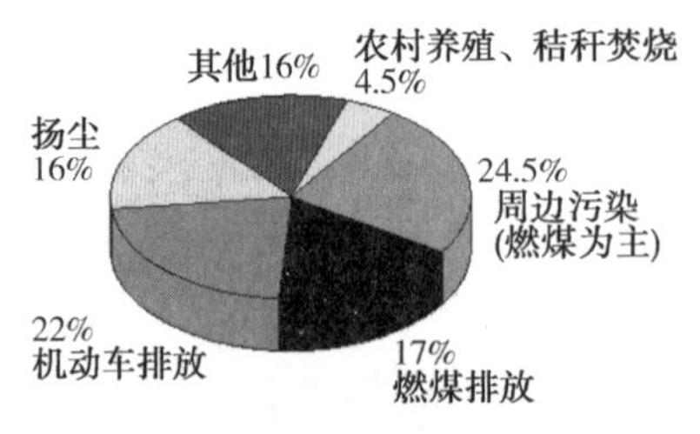

2011年北京市环保局发布数据
北京市PM 2.5排放源解析

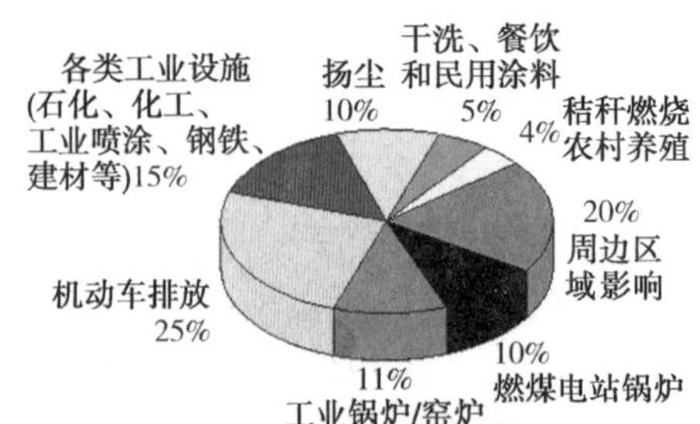

2012年上海市环保局发布数据
上海市PM 2.5排放源解析

PM 2.5 的主要危害

虽然细颗粒物只是地球大气成分中含量很少的组分,但它对空气质量和能见度等有重要的影响。与较粗的大气颗粒物相比,细颗粒物粒径小,富含大量的有毒、有害物质且在大气中的停留时间长、输送距离远,因而对人体健康和大气环境质量的影响更大。细颗粒物能飘到较远的地方,因此影响范围较大。

细颗粒物对人体健康的危害更大,因为直径越小,进入呼吸道的部位越深。10μm 直径的颗粒物通常沉积在上呼吸道,2μm 以下的可深入到细支气管和肺泡。细颗粒物进入人体到肺泡后,直接影响肺的通气功能,使机体容易处在缺氧状态。

PM 2.5 可能导致的疾病

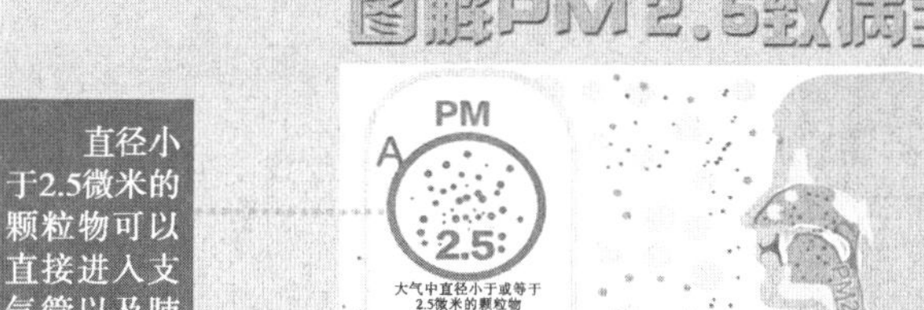
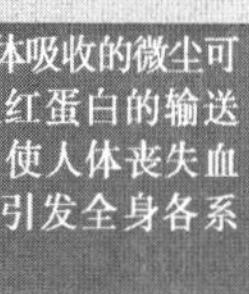
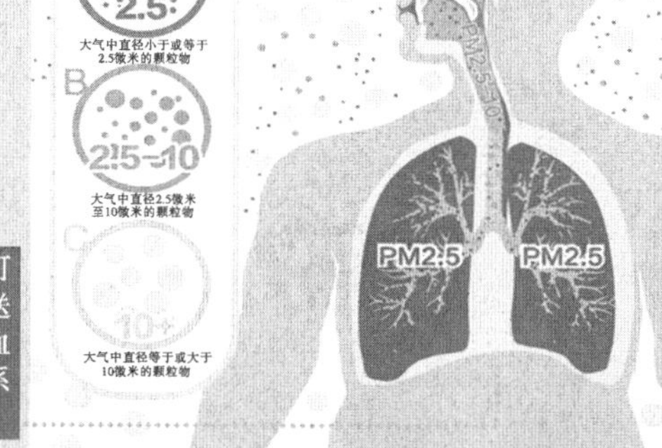

呼吸系统疾病

PM 2.5微尘被吸入人体后会直接进入支气管，干扰肺部的气体交换，引发包括哮喘、支气管炎等

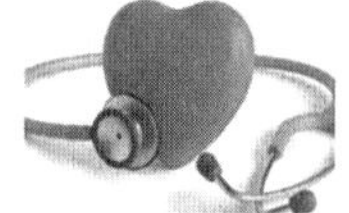

心血管疾病

进入血液的微尘会损害血红蛋白输送氧的能力，可能引发充血性心力衰竭和冠状动脉等心脏疾病

有害物质中毒

PM 2.5微尘多含有有害气体以及重金属等有毒物质，这些物质溶解在血液中，会导致人体中毒

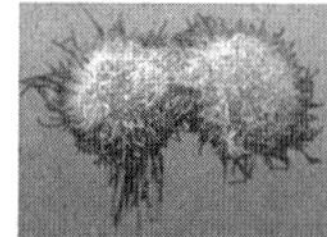

致癌

流行病学的调查发现，城市大气颗粒物中的多环芳烃与居民肺癌的发病率和死亡率有关

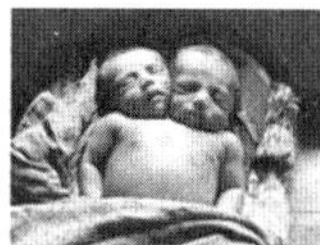

婴儿发育缺陷

对接触高浓度PM 2.5的孕妇的研究表明，高浓度的细颗粒物污染可能会影响胚胎的发育

随 PM 2.5 升高的死亡率

世界卫生组织在2005年版《空气质量准则》中指出：当PM 2.5年均浓度达到每立方米35微克时，人的死亡风险比每立方米10微克的情形约增加15%。一份来自联合国环境规划署的报告称：PM 2.5每立方米的浓度上升20毫克，中国和印度每年会有约34万人死亡。中国南开大学国家环境保护城市空气颗粒物污染防治重点实验室、中国环境科学研究院大气环境研究所专家发布的论文也称，“PM 2.5浓度每升高10微克/立方米，我国居民每日死亡率上升0.31%。”

PM 2.5造成的损失

2010年中国四城市因PM 2.5污染造成的死亡人数与经济损失

城市	疾病种类	死亡人数	合计人数	经济损失/万元	合计损失/万元
北京	心脏病	755	2349	60057	186754
	脑血管病	685		54439	
上海	循环系统疾病	1195	2980	94964	236924
	呼吸系统疾病	826		65676	
广州	循环系统疾病	1145	1715	94964	136332
	呼吸系统疾病	310		24613	
西安	心血管疾病	436	726	34692	57724

数据来源：潘小川，李国星，高婷.危险的呼吸——PM 2.5的健康危害与经济损失评估研究.北京：中国环境科学出版社，2012.

生活应对措施

雾霾天气少开窗，最好不出门或晨练

雾霾天气不主张早晚开窗通风，最好等月亮出来再开窗通风。雾霾天气是心血管疾病患者的“危险天”，尤其是有呼吸道疾病和心血管疾病的老人，雾霾天最好不出门，更不宜晨练，否则可能诱发病情，甚至心脏病发作，引起生命危险。

外出戴专业防尘口罩

一般常规口罩不会起到作用，因为颗粒物太细小，KN90、KN95、N95 级别的防尘口罩才能有效过滤可吸入细颗粒物；同时还要选择适合自己的口罩，避免不密合导致周围泄漏。另外，外出归来，应立即清洗面部及裸露的肌肤。

● 多喝桐桔梗茶、桐参茶、桐桔梗颗粒、桔梗汤等“清肺除尘”茶饮 ●

桐桔梗茶有清火、滤肺尘功能，能加强肺泡细胞排出有毒细颗粒物，能协助人体排出体内积聚的 PM 2.5 颗粒物及其他有害物质。

● 少量补充维生素 D ●

冬季雾多、日照少，由于紫外线照射太少，人体内维生素 D 生成不足，有些人还会产生精神压抑、情绪低落等现象，必要时可补充一些维生素 D。

● 饮食清淡，多喝蜂蜜水 ●

雾天的饮食宜选择清淡易消化且富含维生素的食物，多饮水，多吃新鲜蔬菜和水果，这样不仅可补充各种维生素和无机盐，还能起到润肺除燥、祛痰止咳、健脾补肾的作用。少吃刺激性食物，多吃梨、枇杷、橙子、橘子等水果。

遭遇 PM 2.5 时应多吃白色清肺食物，增强肺的自我清洁能力，如山药、白萝卜、莲藕、银耳、雪梨和猪血等。

● 深层清洁 ●

人体表面的皮肤直接与外界空气接触，很容易受到雾霾天气的伤害。尤其是在繁华喧嚣十面“霾”伏的都市中，除了随时要应对雾霾危“肌”外，由于建筑施工、汽车尾气、工业燃料燃烧、燃放烟花爆竹等原因造成悬浮颗粒物多，难免会堵塞在毛孔中形成黑头，造成毛孔阻塞、角质堆积、肌肤起皮等肌肤问题，所以自我保护的首要措施就是深层清洁肌肤表层，清洁毛孔。

● 尽量减少吸烟或不吸烟 ●

烟雾中含有大量 PM 2.5，会对人体产生直接和间接的危害。如果无法阻止周围的人吸烟，那么应该尽量远离烟雾。

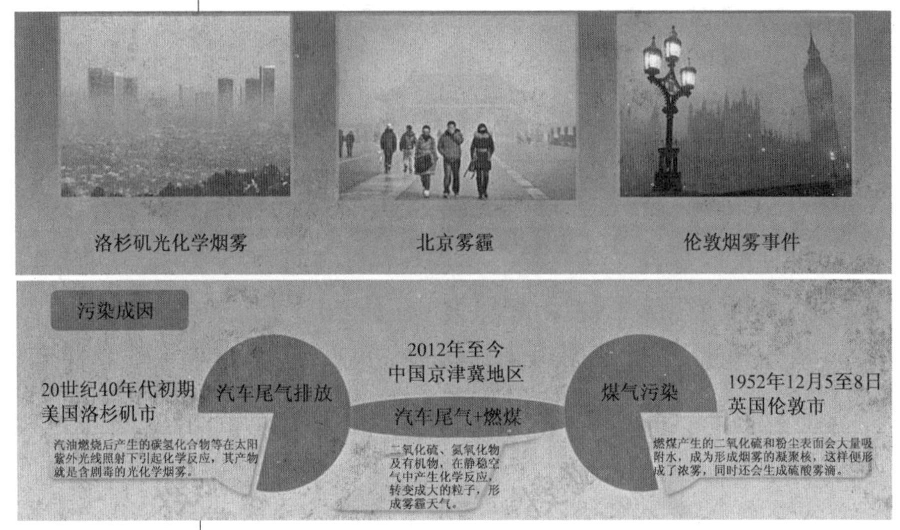

挥发性有机物

什么是挥发性有机物

挥发性有机物（Volatile Organic Compounds），简称 VOC_S，一大类化合物的总称，大气中包含了成千上万种微量挥发性有机物，能分辨出的，就有正构烷烃、支链脂肪酸、正构烷醇、脂肪二元酸、芳香多元酸、多环芳烃、异构烷烃、三酮类化合物等几百种。而具致畸致癌性的多环芳烃是人体健康的重要杀手之一。有观点认为，VOC_S 是 PM 2.5 的祸首。

世界卫生组织（WHO）对总挥发性有机化合物（TVOC）的定义为：熔点低于室温而沸点在50℃～260℃之间的挥发性有机化合物的总称。

VOC 的定义分为两类：一类是普通意义上的 VOC 定义，只说明什么是挥发性有机物，或者是在什么条件下是挥发性有机物；另一类是环保意义上的定义，也就是说，是活泼的那一类挥发性有机物,即会产生危害的那一类挥发性有机物。通常我们参考世界卫生组织中的定义。

VOC_S 的发现历史

挥发性有机物的身影最早出现在美国洛杉矶。20 世纪 40 至 50 年代,人们发现每年夏季的正午或午后,天空经常会出现一片混沌不清的浅蓝色烟雾,而远离城市 1 公里外的松林成片枯死,柑橘减产;更多的居民开始患上各种眼疾和呼吸道疾病。到 1955 年,洛杉矶已有 400 多名 65 岁以上的老人相继去世。

经美国科学家的努力,人们发现这是一种新型大气污染,是由汽车尾气和其他工业生产排放出来的大量碳氢化合物和氮氧化物,在阳光紫外线作用下,最终变成了让人致病或致命的毒气。从美国洛杉矶化学光雾事件到 21 世纪关于 VOC_S 的研究,仍属世界最前沿科学领域。

VOC_S 的主要来源

在室内,VOC_S 主要来自燃煤和天然气等燃烧产物、吸烟、采暖和烹调等的烟雾,建筑和装饰材料、家具、家用电器、清洁剂和人体本身的排放等。在室内装饰过程中,VOC_S 主要来自油漆、涂料和胶粘剂。一般油漆中 VOC_S 含量在 $0.4 \sim 1.0mg/m^3$。由于 VOC_S 具有强挥发性,一般情况下,油漆施工后的 10 小时内,可挥发 90%,而溶剂中的 VOC_S 则在油漆风干过程中只释放总量的 25%。

在室外,VOC_S 主要来自燃料燃烧和交通运输产生的工业废气、汽车尾气、光化学污染等。来源主要有人为源和天然源。就全球尺度而言,天然源对 VOC_S 的贡献超过了人为源。天然源包括植物释放、火山喷发、森林草原火灾等,其中最重要的排放源是森林和灌木林,最重要的排放物是异戊二烯和单萜烯。

人为源可分为固定源、流动源和无组织排放源三类。其中固定源包括化石燃料燃烧、溶剂(涂料、油漆)的使用、废弃物燃烧、石油存储和转运以及石油化工、钢铁工业、金属冶炼的排放;

流动源包括机动车、飞机和轮船等交通工具的排放以及非道路排放源的排放;无组织源包括生物质燃烧以及汽油、油漆等溶剂挥发。交通运输是全球最大的 VOC_S 人为排放源,溶剂使用是第二大排放源。

VOC_S 的特点

VOC_S 的分子量较小,在通常条件下容易气化。它们可在有机物质的生成过程中形成,也可在有机物质发生化学分解或生物学降解的过程中形成,并逸入大气。挥发性有机物的含量和种类往往因测定方法和条件的不同而不同。

VOC_S 具有相对强的活性,是一种性格比较活泼的气体,导致它们在大气中既可以以一次挥发物的气态存在,又可以在紫外线照射下,在 PM10 颗粒物中发生无穷无尽的变化,再次生成为固态、液态或二者并存的二次颗粒物存在;且参与反应的这些化合物寿命还相对较长,可以随着风吹雨淋等天气变化,或者飘移扩散,或者进入水和土壤,污染环境。

VOC_S 的危害

● 室外危害 ●

在大气科学家眼里,VOC_S 对人体健康的影响有直接效应,但更多的是间接效应。中国工程院院士唐孝炎老师表示,VOC_S 是一大类化合物的总称,它在大气中实际包含了成千上万种微量有机挥发物,比如目前科学家在 VOC_S 中能分辨出的,就有正构烷烃、支链脂肪酸、正构烷醇、脂肪二元酸、芳香多元酸、多环芳烃、异构烷烃、三酮类化合物等几百种。

一旦出现细粒子污染的灰霾天气,近地大气中的细粒子无时无刻不在产生光化学反应,生活在地面的人群和其他动植物,则无时无刻不在呼吸交换气体,于是造成大量有毒有害物质进入人体沉积,使人体健康受损。

● 室内危害 ●

当居室中 VOC_S 浓度超过一定浓度时，在短时间内人们感到头痛、恶心、呕吐、四肢乏力；严重时会抽搐、昏迷、记忆力减退。VOC_S 伤害人的肝脏、肾脏、大脑和神经系统。居室内 VOC_S 污染近年来已引起各国重视。

VOC_S 对人体健康的影响主要是刺激眼睛和呼吸道，使皮肤过敏，使人产生头痛、咽痛与乏力，其中还包含了很多致癌物质。

中国 VOC_S 的现状

VOC_S 排放量大，重点行业、典型区域的污染非常严重，对排放状况的掌握远远不够。目前中国尚未将 VOC_S 纳入常规监测项目，也没有针对 VOC_S 的全国污染源普查。涉及众多行业，无组织排放现象严重，监测困难。污染排放研究滞后，排放量被严重低估。

以石油炼制、石油化工行业为例。石油化工过程的 VOC_S 产生排放包括工艺过程的点源排放和无组织溢散排放两种类型。目前，中国的石油化工行业的 VOC_S 排放以无组织排放为主，表现出在生产区域中比较严重的异味。

VOC_S 的控制

● 燃烧法净化 ●

亦称焚烧法，指用燃烧方法将有害气体、蒸气、液体或烟尘转化为无害物质的过程。燃烧极限浓度范围，也就是爆炸极限浓度范围。燃烧净化方法有直接燃烧、热力燃烧和催化燃烧。

● 吸收（洗涤）法 ●

溶剂吸收法采用低挥发或不挥发性溶剂对 VOC_S 进行吸收，再利用 VOC_S 分子和吸收剂物理性质的差异进行分离；吸收效果主要取决于吸收剂的吸收性能和吸收设备的结构特征。吸收剂对被去除的 VOC_S 有较大的溶解性；吸收剂的蒸气压必须相当低；吸收剂的排放量需很低；被吸收的 VOC_S 容易从吸收剂中分离出来;吸收剂在吸收塔和汽提塔的运行条件下必须具有较好的化学稳定性及无毒无害性;吸收剂分子量要尽可能低。

● 冷凝法 ●

物质在不同的温度和压力下,具有不同的饱和蒸气压。冷凝温度一般在露点和泡点之间,冷却温度越接近泡点,则净化程度越高。常用的接触冷凝设备有喷射器、喷淋塔、填料塔和筛板塔。常用的间接冷凝设备有列管冷凝器、翅管空冷冷凝器、淋洒式冷凝器以及螺旋板冷凝器等。

● 吸附法 ●

指含 VOC_S 的气态混合物与多孔性固体接触时,利用固体表面存在的未平衡的分子吸附力或化学键力,把混合气体中 VOC_S 组分吸附留在固体表面的分离过程。活性炭吸附 VOC_S 性能最佳。

● 生物法 ●

生物净化过程的实质是:附着在滤料介质中的微生物在适宜的环境条件下,利用废气中的有机成分作为碳源和能源,维持其生命活动,并将有机物分解为二氧化碳、水的过程。

空气污染

什么是空气污染

空气污染,又称大气污染,按照国际标准化组织(ISO)的定义,空气污染通常是指由于人类活动或自然过程引起某些物质进入大气中,呈现出足够高的浓度,达到足够的时间,并因此危害了人类的舒适、健康和福利或环境的现象。

换言之,只要是某一种物质其存在的量、性质及时间足够对人类或其他生物、财物产生影响者,我们就可称其为空气污染物;而其存在造成的现象,就是空气污染。

如何看懂空气质量指数?

空气质量指数,是定量描述空气质量状况的无量纲指数。

空气质量指数的数值越大、级别和类别越高、表征颜色越深,说明空气污染状况越严重,对人体的健康危害也就越大。我们在看空气质量指数时,不需要记住空气质量指数的具体数值和级别,只需要注意优(绿色)、良(黄色)、轻度污染(橙色)、中度污染(红色)、重度污染(紫色)、严重污染(褐红色)等六种评价类别和表征颜色。

当类别为优或良、颜色为绿色或黄色时,一般人群都可以正常活动;当类别为轻度污染以上,颜色为橙色、红色、紫色或褐红色时,各类人群就需要关注建议采取的措施,在安排自己的生活与出行时作为参考。

空气质量指数与空气污染指数有什么区别?

空气质量指数与空气污染指数有着很大的区别。空气质量指数分级计算参考的标准是新的环境空气质量标准(GB 3095—2012),参与评价的污染物为 SO_2、NO_2、PM_{10}、$PM_{2.5}$、O_3、CO 等六项,每小时发布一次;而空气污染指数分级计算参考的标准是老的环境空气质量标准(GB 3095—1996),评价的污染物仅为 SO_2、NO_2 和 PM_{10}等三项,每天发布一次。

因此,空气质量指数采用的标准更严、污染物指标更多、发布频次更高,其评价结果也将更加接近公众的真实感受。

室内空气污染

什么是室内空气污染

室内空气污染指有害的化学性因子、物理性因子和(或)生物性因子进入室内空气中,并已达到对人体身心健康产生直接或间接、近期或远期,或者潜在的有害影响程度。

室内空气污染的特征

累积性

室内环境是相对封闭的空间，其污染形成的特征之一是累积性。从污染物进入室内导致浓度升高，到排出室外浓度渐趋于零，大都需要经过较长的时间。室内的各种物品，包括建筑装饰材料、家具、地毯、复印机、打印机等都可以释放出一定的化学物质，如不采取有效措施，它们将在室内逐渐累积，导致污染物浓度增大，对人体造成危害。

长期性

一些调查表明，人们大部分时间处于室内，即使是浓度很低的污染物，在长期作用于人体后，也会对人体健康产生不利影响。因此，长期性也是室内污染的重要特征之一。

多样性

室内空气污染的多样性既包括污染物种类的多样性，又包括室内污染物来源的多样性。室内空气中存在的污染物既有生物性污染物，如细菌等；化学性污染物，如甲醛、氨、苯、甲苯、一氧化碳、二氧化碳、氮氧化物、二氧化硫等；还有放射性污染物，如氡及其子体。

有害污染源

呼出气

呼出气的主要成分是二氧化碳。每个成年人每小时平均呼出的二氧化碳大约为22.6升。此外，伴随呼出的还有氨、二甲胺、二乙胺、二乙醇、甲醇、丁烷、丁烯、二丁烯、乙酸、丙酮、氮氧化物、一氧化碳、硫化氢、酚、苯、甲苯、二硫化碳等。其中，大多数是体内的代谢产物，另一部分是吸入后仍以原形呼出的污染物。

吸烟

这是室内主要的污染源之一。烟草燃烧产生的烟气，主要成分有一氧化碳、烟碱、多环芳烃、甲醛、氮氧化物、亚硝胺、丙烯腈、氟化物、氰氢酸、颗粒物以及含砷、镉、镍、铅等的物质，总共3000多种，其中具有致癌作用的40多种。吸烟是肺癌的主要病因之一。

燃料燃烧

不同种类的燃料，甚至不同产地的同类燃料，其化学组成以及燃烧产物的成分和数量都会不同。但总的来看，煤的燃烧产物以颗粒物、二氧化硫、二氧化氮、一氧化碳、多环芳烃为主；液化石油气的燃烧产物以二氧化氮、一氧化碳、多环芳烃、甲醛为主。液化石油气燃烧颗粒物的二氯甲烷提取物中含有硝基多环芳烃，这是一种强致突变物。

此外，某些地区的煤中含有较多的氟、砷等无机污染物，燃烧时能污染室内空气和食物，吸入或食入后，能引起氟中毒或砷中毒。

烹调

烹调产生的油烟不仅有碍一般卫生，更重要的是其中含有致突变物。

室内不清洁

室内的尘埃、燃烧颗粒物、飞沫等污染物，与室内的空气轻离子结合，形成重离子。前者在污浊空气中仅能存留1分钟，而后者能存留1小时，这样就加强了重离子的不良影响：头痛、心烦、疲劳、血压升高、精神萎靡、注意力衰退、工作能力降低、失眠等。

室内使用的复印机、静电除尘器等仪器设备产生臭氧，臭氧是一种强氧化剂，对呼吸道有刺激作用，尤其能损伤肺泡。

● 建筑材料 ●

某些水泥、砖、石灰等建筑材料的原材料中，本身就含有放射性镭。待建筑物落成后，镭的衰变物氡及其子体就会释放到室内空气中，进入人体呼吸道，是肺癌的病因之一。

此外，石棉能致肺癌，及胸、腹膜间皮瘤。

● 日常生活和办公用品 ●

日常生活中常用的化妆品、洗涤剂、清洁剂、消毒剂、杀虫剂、纺织品、油墨、油漆、染料、涂料等都会散发甲醛和其他种类的挥发性有机化合物、表面活性剂等。这些都能通过呼吸道和皮肤影响人体。

如何净化室内空气

● 植物消除法 ●

吊兰、芦荟、虎尾兰能适量吸收室内甲醛等污染物质，改善室内空气污染状态；茉莉、丁香、金银花、牵牛花等花卉分泌出来的杀菌素能够杀死空气中的某些细菌，抑制结核、痢疾病原体和伤寒病菌的生长，使室内空气清洁卫生。但植物本身吸附作用较弱，一般作为辅助方式。

● 活性炭吸附法 ●

活性炭能够对室内有害气体起到吸附作用，它是利用木炭、竹炭、各种果壳和优质煤等作为原料，通过物理和化学方法对原料进行破碎、过筛、催化剂活化、漂洗、烘干和筛选等一系列工序加工制造而成。

● 加强通风法 ●

一般家庭在春、夏、秋季，都应留通风口或经常开“小窗户”；冬季每天至少早、午、晚开窗 10 分钟左右。平时如使用化学用剂后，不可马上关窗，至少通风换气半个小时。厨房在每次烹饪完毕必须开窗换气;煎、炸食物时,更应加强通风。

污染类型	主要污染物/原因	明显后果	解决措施
物理污染 粉尘类	· 铅、镉等重金属 · 沙尘 · 二手烟、油烟中的颗粒物	哮喘　肺癌 肝癌　鼻癌	静电除尘
化学污染 毒气类	· 装修材料中的甲醛、苯 · 二手烟中的化学气体 · 室外进来的化学气体	恶心　头痛 白血病　肺癌	活性碳除毒
生物污染 细菌类	· 空调内的细菌 · 通风管道内的细菌 · 传染病 · 花粉	感冒　咳嗽 流鼻涕　肺病 哮喘	静电灭菌
缺氧污染 通风类	· 怕室外灰尘或为节省冷暖气而紧闭门窗 · 中央空调系统设计不佳 · 不开车窗	头痛　恶心 早衰　心脏病	开窗通风

机动车尾气

尾气的主要成分

汽车尾气中含有上百种不同的化合物,其中的污染物有固体悬浮微粒、一氧化碳、二氧化碳、碳氢化合物、氮氧化合物及硫氧化合物等。一辆小轿车一年排出的有害废气是轿车本身质量的 4 倍。

尾气的危害

固体悬浮颗粒

固体悬浮颗粒的成分很复杂,并具有较强的吸附能力,可以吸附各种金属粉尘、强致癌物苯并芘和病原微生物等。固体悬浮颗粒随呼吸进入人体肺部,以碰

汽车尾气造成大气污染

撞、扩散、沉积等方式滞留在呼吸道的不同部位，引起呼吸系统疾病。当悬浮颗粒积累到临界浓度时，便可能会激发形成恶性肿瘤。此外，悬浮颗粒物还能直接接触皮肤和眼睛，阻塞皮肤的毛囊和汗腺，引起皮肤炎和结膜炎，甚至还可能造成角膜损伤。

一氧化碳

一氧化碳与血液中的血红蛋白结合的速度比氧气快250倍。一氧化碳经呼吸道进入血液循环，与血红蛋白亲合后生成碳氧血红蛋白，从而削弱血液向各组织输送氧的功能，危害中枢神经系统，造成人的感觉、反应、理解、记忆力等机能障碍，重者危害血液循环系统，导致生命危险。所以，即使是微量吸入一氧化碳，也可能给人造成可怕的缺氧性伤害。

氮氧化物

氮氧化物主要是指一氧化氮和二氧化氮，它们都是对人体有害的气体，特别是对呼吸系统有危害。在二氧化氮浓度为9.4毫克/立方米的空气中暴露10分钟，即可造成人的呼吸系统功能失调。

碳氢化合物

氮氧化物和碳氢化合物在太阳紫外线的作用下，会产生一种具有刺激性的浅蓝色烟雾，其中包含有臭氧、醛类、硝酸酯类等多种复杂化合物。这种光化学烟雾对人体最突出的危害是刺激眼睛和上呼吸道黏膜，引起眼睛红肿和喉炎。

尾气的治理

由于汽车运行严重的分散性和流动性，因而也给净化处理技术带来一定的限制。除了开发机内净化技术外，还要大力开发机外净化处理技术。这应从两个方面入手:一是控制技术,主要是提高燃油的燃烧率,安装防污染处理设备和开发新型发动机;二是行政管理手段,采取报废更新,淘汰旧车,开发新型的汽车(即无污染物排放的机动车),从控制燃料使用标准入手。

机动车尾气不达标强制报废

采用绿色燃料,汽车中可广泛使用乙醇汽油、新的配方汽油、电力、压缩的天然气体、太阳能以及生态燃料的蓄电池等。

美国的俄亥俄州某研究所用豆油与甲醇、烧碱混合,然后去除其中的甘油,从而可获得“大豆柴油”。用“大豆柴油”,以3∶7的比例掺入普通柴油中,可供柴油汽车之用。它可大大减少发动机工作时排放的硫化物、碳氢化合物、一氧化碳和烟尘。故誉作绿色燃料。

开发并采用多种燃料的新型汽车,这是今后汽车的发展方向。以氢为燃料的电池电动车、太阳能汽车、电动汽车、复式汽车、液化气汽车、甲醇汽车等,它们都是低公害、前途最佳的新型汽车。

恶臭污染

鱼儿也得打着伞

蓝蓝的天空下,流过一条弯弯的小河,微风一吹,水面微波粼粼。从不远处游来了两条可爱的小鲤鱼。走近一看,咦?他们为什么打着伞呢?我仔细一看,才发现:不知什么时候,水面上早已堆满了果皮、塑料袋、瓶瓶罐罐。经过阳光的照射，还发出阵阵恶臭。

一条稍大点的小鲤鱼对另一条小鲤鱼说："妹妹，小心点，等会儿天上又掉下一颗'流弹'，砸坏了脑袋可不好。昨日小金鱼就被砸伤了脑袋，要不是龟伯伯及时背她上医院，那可糟了！"

"不要紧，我有雨伞呢！"话刚说完，"咚"的一声，掉下了一个果皮，让两条小鲤鱼吓了一跳。

是谁使鱼儿从往日快乐的天堂跌入恐怖的地狱的呢？是人类。近几年来，由于缺少道德观念，人类不仅把化学厂的污水排进江、河、湖、海，还把大量的果皮纸屑丢进河道里，使鱼儿担惊受怕。记得去年，妈妈带着我到山村的老家，一下车我惊呆了，原本清澈的小河已变得浑浊不堪，臭气熏天。水面上几乎布满了"水葫芦"，还隐约能看见翻着白肚皮的死鱼……由于人类对江河的污染，大量水生物死亡，如中华鲟、抹香鲸……最近，据报纸报道，一条蓝鲸搁浅在沙滩上，经工作人员的解剖，发现蓝鲸的肚子里有许多垃圾，绝大部分是塑料袋；去年发生的海龟集体死亡事件，也是因为海龟误食沙滩上的垃圾才中毒的。

我们都是祖国的子孙，所以我们应该保护环境，还鱼儿一个美好、安全的家，让祖国更加绚丽多彩。

发臭的河流

什么是恶臭污染

恶臭污染物指一切刺激嗅觉器官引起人们不愉快及损害生活环境的气体物质。

恶臭物质分布很广，影响范围大，已成为一些国家的公害。恶臭物质多来源于化学、制药、制纸、制革、肥料、食品、铸造等工业。恶臭对人的呼吸系统、循环系统、消化系统、内分泌系统、神经系统都有不同程度的损害。恶臭还会使人烦躁不安，工作效率降低，判断力和记忆力下降。高浓度恶臭物质突然袭击，有时会把人当场熏倒，造成事故。

恶臭的控制标准

《恶臭污染物排放标准》是为贯彻《中华人民共和国大气污染防治法》，控制恶臭污染物对大气的污染，保护和改善环境而制定的。

恶臭污染物排放标准（GB 14554—93）规定了八种恶臭污染物的一次最大排放限值、复合恶臭物质的臭气浓度限值及无组织排放源厂界浓度限值。适用于中国所有向大气排放恶臭气体单位及垃圾堆放场的排放管理以及建设项目的环境影响评价、设计、竣工验收及其建成后的排放管理。

恶臭污染的治理方法

生物脱臭法，是指利用微生物降解恶臭物质以达到去除臭味目的的方法。

● 土壤生物脱臭法 ●

该方法是将恶臭气体送入土壤中，使其在通过土壤层时恶臭成分为土壤颗粒吸附，通过土壤微生物吸收、降解，以达到脱臭处理的目的。

● 填充塔生物脱臭法 ●

该方法是依靠生长在惰性载体上的微生物来处理恶臭成分的系统：臭气由塔下部进入，穿过装有吸附微生物填料（载体）的填充塔来达到脱臭目的。

堆肥发酵脱臭法

该方法是以污泥、城市垃圾和畜禽粪便等有机废物为原料，经好氧(有氧)发酵、热处理而进行脱臭的处理技术。一般有两种类型:一种是把堆肥覆盖在臭气发生源或出口处,自然生化脱臭;另一种是臭气发生源较多时,集中送脱臭装置中脱臭,其装置类似土壤法。

曝气式生物脱臭法

该方法是1974年日本福山等人率先提出的,与废水处理厂生物曝气类似,只是用臭气代替空气注入活性污泥曝气池中进行脱臭,活性污泥经过三天左右的驯化后,其中的微生物即可分解恶臭成分。其处理效率受活性污泥浓度、曝气强度、溶解氧、营养盐、pH等因素的影响。

洗涤式生物脱臭法

以塔式结构为主,活性污泥是从塔顶喷淋下来的,与由塔下部进入的恶臭气体逆向接触,恶臭成分一旦溶于水,即可被活性污泥中的微生物所分解,达到除臭的目的。

其他生物脱臭法

为防止家禽和畜牧场恶臭产生,可通过抑制有机物厌氧发酵,引起好氧微生物好氧分解恶臭物质以达到除臭的目的。

 第三部分　水环境篇 

地球水循环

地壳及地表循环系统

地球外层由大地层、海洋层、大气层、引力层、磁力层等组成。地壳循环系统是地核、地幔系统的综合循环形式，也称为"综合循环系统"。

什么是地球水循环

地球水循环是指发生于大气环流水和降水、地表水、地壳浅部地下水之间的水量转化过程。水圈中水体通过蒸发、水汽输送、降水、地表径流、下渗和地下径流等过程，紧密联系，互相转化，处于不断运动的状态，形成一个全球性的动态系统，称为地球水循环系统。地球水循环系统不仅紧密联系着地球水圈的各个子系统，而且是联系水圈与大气圈、生物圈与岩石圈的纽带，并形成许多彼此联系的子系统。这些子系统的总和构成全球水循环系统。

水在地球的存在模式有固态、液态和气态，地球上的水广泛存在于大气层、湖泊、河流及海洋中。地球上的水圈是一个永不停息的动态系统，在太阳辐射和地球引力的推动下，水在水圈内各组成部分之间不停地运动着，构成全球范围的海陆间循环（大循环），并把各种水体连接起来，使得各种水体能够长期存在。海洋和陆地之间的水交换是这个循环的主线，意义最重大。在太阳能的作用下，海洋表面的水蒸发到大气中形成水汽，水汽随大气环流运动，一部分进入陆地上空，在一定条件下形成雨雪等降水；大气降水到达地面后转化为地下水、土壤水和地表径流，地下径流和地表径流最终又回到海洋，由此形成淡水的动态循环。这部分水容易被人类社会所利用，具有经济价值，正是我们所说的水资源。

降水、蒸发和径流是水循环过程的三个最主要环节，这三者构成的水循环途径决定着全球的水量平衡，也决定着一个地区的水资源总量。

蒸发是水循环中最重要的环节之一。由蒸发产生的水汽进入大气并随大气活动而运动。大气中的水汽主要来自海洋，还有一部分来自地表径流的蒸发。大气层中的水汽循环是蒸发—凝结—降水—蒸发周而复始的过程。海洋上空的水汽可被输送到陆地上空凝结降水，称为外来水汽降水；大陆上空的水汽直接凝结降水，称内部水汽降水。全球的大气水分交换的周期为10天。在水循环中，水汽输送是最活跃的环节之一。

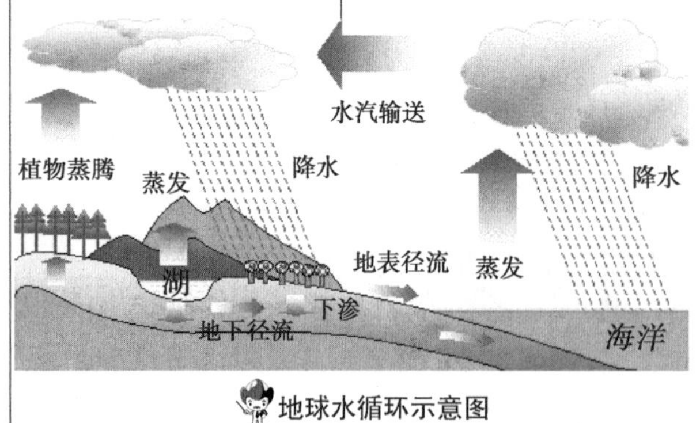

地球水循环示意图

水循环的主要作用

水循环维持全球水的动态平衡

水在水循环这个庞大的系统中不断运动、转化，使水资源不断更新。

水循环进行能量交换和物质转移

陆地径流向海洋源源不断地输送泥沙、有机物和盐类；对地表太阳辐射吸收、转化、传输，缓解不同纬度间热量收支不平衡的矛盾，对于气候的调节具有重要意义。水是很好的溶剂，环境中营养物质的交换和传递依靠水循环来实现。

水是地质变化的动因之一

水循环造成侵蚀、搬运、堆积等外力作用，不断塑造地表形态。一个地方矿质元素的流失和沉积往往要通过水循环来完成，水循环还可以对土壤的肥力产生影响。

关于水量平衡

水量平衡是指，在一个足够长的时期里，全球范围的总蒸发量等于总降水量。与世界大陆相比，中国年降水量偏低，但年径流系数较高，这是中国多山地形和季风气候影响所致。中国内陆区域的降水和蒸发均比世界内陆区域的平均值低，其原因是中国内陆流域地处欧亚大陆的腹地，远离海洋之故。

中国水量平衡要素组成的重要界线，是 1200 毫米年等降水量。年降水量大于 1200 毫米的地区，径流量大于蒸散发量；反之，蒸散发量大于径流量。中国除东南部分地区外，绝大多数地区都是蒸散发量大于径流量，且越向西北差异越大。

水量平衡要素的相互关系还表明在径流量大于蒸发量的地区，径流与降水的相关性很高，蒸散发对水量平衡的组成影响甚小。在径流量小于蒸发量的地区，蒸散发量则依降水而变化。另外，中国平原区的水量平衡均为径流量小于蒸发量，说明水循环过程以垂直方向的水量交换为主。

人类活动对水循环的影响

人类活动不断改变着自然环境,且越来越强烈地影响水循环的过程。人类构筑水库,开凿运河、渠道、河网,以及大量开发利用地下水等,改变了水的原来径流路线,引起水的分布和水运动状况的变化;农业的发展,森林的破坏,引起蒸发、径流、下渗等过程的变化;城市和工矿区的大气污染和热岛效应也可改变本地区的水循环状况。

人类生产和消费活动排出的污染物通过不同的途径进入水循环。矿物燃料燃烧产生并排入大气的二氧化硫和氮氧化物,进入水循环能形成酸雨,从而把大气污染转变为地表水和土壤的污染。大气中的颗粒物也可通过降水等过程返回地面。土壤和固体废物受降水的冲洗、淋溶等作用,其中的有害物质通过径流、渗透等途径,参加水循环而迁移扩散。人类排放的工业废水和生活污水,使地表水或地下水受到污染,最终使海洋受到污染。

水资源

海水淡化

海水淡化是人类追求了几百年的梦想,古代就有从海水中去除盐分的故事和传奇。早在400多年前,英国女王伊丽莎白颁布了一道命令:谁能发明一种价格低廉的方法,把苦涩腥咸的海水淡化成可供人类饮用的淡水,谁就可以得到一万英镑的奖金。但直到16世纪,人们才开始努力从海水中提取淡水。当时欧洲探险家在漫长的航海旅行中,就用船上的火炉煮沸海水以制造淡水。加热海水产生水蒸气,冷却凝结就可得到纯水,这是日常生活的经验,也是海水淡化技术的开始。海水淡化技术的大规模应用始于干旱的中东地区,但并不局限于该地区。由于世界上70%以上的人口都居住在离海洋120公里以内的区域,因而海水淡化技术近20年迅速在中东以外的许多国家和地区得到应用。

从20世纪50年代以后,海水淡化技术随着水资源危机的加剧得到了加速发展,在已经开发的二十多种淡化技术中,蒸馏法、电渗析法、反渗透法都达到了工业规模化生产的水平,并在世界各地广泛应用。

沙特阿拉伯的海水淡化厂

1967年,中国国家科委组织全国在水处理和分析化学、材料化学、流体力学等各个学科的精英会战海水淡化。1970年,会战主力汇集浙江省的杭州市,组成了全国第一个海水淡化研究室。期间,他们一直用电渗析技术进行海水淡化,研制成功海洋监测专用微孔滤膜,建成了世界最大的电渗析海水淡化站——西沙永兴岛海水淡化站。一度在海水淡化方面成为世界领军人物。

1982年,中国海水淡化与水再利用学会经中国科协学会部批准在杭州成立。但是,因为经历了十年浩劫,毕竟还是衰弱下去了,而此时,远在大洋彼岸的美国,全芳香族聚酰胺复合膜及其卷式元件已经赫然问世。

19世纪亚历山大·卓别林设计的海水蒸馏淡化装置

到2003年止,世界上已建成和已签约建设的海水和苦咸水淡化厂，其生产能力达到日产淡水3600万吨。海水淡化已遍及全世界125个国家和地区，淡化水大约养活世界5%的人口。海水淡化，事实上已经成为世界许多国家解决缺水问题所普遍采用的一种战略选择，其有效性和可靠性已经得到越来越广泛的认同。或许有一天，海水淡化的方法能解决水资源短缺的问题，解救焦渴的地球和人类。

什么是水资源

水资源是指能够直接或间接使用的各种水和水中物质，对人类活动具有使用价值和经济价值的水均可称为水资源。但一般情况下，人们所说的水资源是指在一定经济技术条件下，人类可以直接利用的淡水。

水资源是基础自然资源，是生态环境的控制性因素之一，同时又是战略性经济资源，是一个国家综合国力的有机组成部分。20世纪70年代以来，随着世界人口剧增，经济高速发展，全球用水量急剧增长，水污染日益严重。水问题将严重制约21世纪全球的经济和社会发展。

淡水的主要来源

地表水

地表水是指河流、湖泊或淡水湿地。地表水由经年累月自然的降水和下雪累积而成，降水是地表水的重要来源，另外还受到许多其他因素的影响，如湖泊、湿地、水库的蓄水量、土壤的渗流性以及集水区中地表径流的特性。人类活动对此有着重大的影响，如人类的开垦活动以及兴建沟渠会增加径流的水量与强度。

地下水

地下水，是指贮存于包气带以下地层空隙，包括岩石孔隙、裂隙和溶洞之中的水。水在地下分为许多层段即含水层。

海水淡化

海水淡化是一个将咸水(通常为海水)转化为淡水的过程。最常见的方式是蒸馏法与反渗透法。就目前而言,海水淡化的成本高于其他方式,所能提供的淡水量仅能满足极少数人的需求。至今仅在干旱的波斯湾地区使用。

随着技术的改善,海水淡化的成本会逐渐降低,其中太阳能海水淡化技术日益受到人们的关注。另外,冰川径流也被视为一类淡水来源,但到目前,人类尚未能顺利利用冰川径流。

水资源现状

世界水资源

地球的储水量尽管数量巨大,但能直接被人们生产和生活利用的,却少得可怜。首先,海水又咸又苦,不能饮用,不能浇地,也难以用于工业;其次,地球的淡水资源仅占其总水量的2.5%,而在这极少的淡水资源中,又有70%以上被冻结在南极和北极的冰盖中,加上难以利用的高山冰川和永冻积雪,有87%的淡水资源难以利用。人类真正能够利用的淡水资源是江、河、湖、泊和地下水中的一部分,约占地球总水量的0.26%。全球淡水资源不仅短缺而且地区分布极不平衡。按地区分布,巴西、俄罗斯、加拿大、中国、美国、印度尼西亚、印度、哥伦比亚和刚果等9个国家的淡水资源占了世界淡水资源的60%。约占世界人口总数40%的80个国家和地区的约15亿人口淡水不足,其中

世界水资源紧缺

26个国家约3亿人极度缺水。更可怕的是，预计到2025年，世界上将会有30亿人面临缺水，40个国家和地区淡水严重不足。

中国水资源

●我国的水资源总体偏少●

在全球范围内，中国属于轻度缺水国家。中国用全球7%的水资源养活了占全球21%的人口。据专家估计，中国缺水的高峰将在2030年出现，因为那时人口将达到16亿，人均水资源的占有量将为1760立方米，中国将进入联合国有关组织确定的中度缺水型国家的行列。

●我国水资源空间分布十分不均匀●

华北地区人口占全国的三分之一，而水资源只占全国的6%；西南地区人口占全国的五分之一，水资源占有量却在46%。

●地下水开采过度●

北京地下水位从新中国成立初期的5米变成当前的50米，地下水位每年下降将近1米，因此造成了地面的沉降。从国际上来说，安全取用地下水，应该是安全取用地下水补给量的一部分，但我们不仅吃光了利息，而且还在吃老本。

●水污染严重●

我国每年没有处理的水的排放量是2000亿吨，这些污水造成了流经城市的河道90%受到污染，75%的湖泊富营养化，且有逐年加重的趋势。日趋严重的水污染不仅降低了水体的使用功能，进一步加剧了水资源短缺的矛盾，对我国正在实施的可持续发展战略带来了严重影响，而且还严重威胁到城市居民的饮水安全和人民群众的健康。

水资源是国民经济和社会发展的重要支撑和保障，随着全球气候变化影响日益明显以及我国工业化、城镇化进程加速，社会经济发展与水资源、水环境承载力不足的矛盾将更加突出，水资源紧缺和水污染问题已经到了迫在眉睫的关头。

保护水资源

提高水资源利用率，减少水资源浪费

有效节水的关键在于利用“中水”，实现水资源重复利用。另外，利用经济杠杆调节水资源的有效利用。由于水管理不到位，很多地方有长流水现象发生，而有些地方会“捧碗祈天”，因此，必须安装有效的水计量装置，执行多用水、多计费的原则，达到节约用水的目的。城市用水定额管理是国际上通行的办法，它是在科学核定用水量的前提下，坚持分类对待的原则，市民生活用水、工商企业用水、机关事业团体用水实行不同的水价，定额内平价，超额部分适当加价，以培养公民节约用水的习惯。

在节约用水资源的同时应避免无效浪费。北方的冬季，水管很容易冻裂，造成严重的漏水，应特别注意预防和检查。随着社会经济的发展和城市化进程的加快，为了缓解水资源紧张的情况，除了大力抓好节约和保护水资源工作外，跨流域调水已经成为我国北方城市的必然选择。跨流域调水必然带来水资源供需关系的变化，所以水权交易势在必行。由于我国一直实行“福利水”制度，水没有被当作一种经济商品对

节水、惜水、爱水，从我做起

待，所以，在水资源的配制上，市场机制通常被管制方法所替代。当前应当转变观念，认识到水资源的自然属性和商品属性，遵循自然规律和价值规律，确实把水作为一种商品，合理应用市场机制配置水资源，减少资源浪费。

水污染的防治

进行水污染防治，实现水资源综合利用。水体污染包括地表水污染和地下水污染两部分，生产过程中产生的工业废水、工业垃圾、工业废气、生活污水和生活垃圾都能通过不同渗透方式造成水资源的污染。长期以来，由于工业生产污水直接外排而引起的环境事件屡见不鲜，它给人类生产、生活带来极坏影响，因此，应当对工业废水、生活污水进行有效防治。在城市可采取集中污水处理的途径；工业企业必须执行环保“三同时”制度；生产废水据其性质不同采用相应的废水处理措施。总之，我们必须坚决执行水污染防治的监督管理制度，必须坚持谁污染谁治理的原则，严格执行环保一票否决制度，促进企业废水治理工作开展，最终实现水资源综合利用。

改革当前的用水制度

加强政府的宏观调控，加大治理污染和环境保护力度，是水资源保护利用的有效途径。当前，应当加大改革力度，打破行业垄断，健全组织机构，统一管理，在全国建立起一个自下而上的水督察体系；进一步改革水价，实行季节性水价，在水资源短缺地区征收比较高的消费税以限制用水；等等。

生活饮用水

什么是生活饮用水

生活饮用水是指符合生活饮用水卫生标准的用于日常饮用、洗涤的水。它包含两个条件：一是没有污染，二是没有退化

(充满生命活力的水)。据世界卫生组织公布,直接饮用健康水包含七项标准:

- 不含对人体有毒、有害及有异味的物质;
- 水的硬度(以碳酸钙计算)50~200mg/L;
- 水中的矿物质和微量元素的比例与人体体液相近,其中含钙量大于或等于8mg/L;
- 酸碱度呈中、弱碱性,pH为7.0~8.0;
- 水中溶氧量大于或等于6mg/L,二氧化碳含量10~30mg/L;
- 5~6个小分子团水(这是水的活性指标之一);
- 水的生理功能要强,包括渗透力、溶解力、代谢力等。

饮用水包括干净的天然泉水、井水、河水和湖水,也包括经过处理的矿泉水、纯净水等。加工过的饮用水有瓶装水、桶装水、管道直饮水等形式。自来水在中国一般不被用来直接饮用,但在世界某些地区由于采用了较高的质量管理标准而可以直接饮用。

生活饮用水的分类

纯净水

纯净水一般是指蒸馏水,不含任何矿物质,没有细菌、杂质。纯净水只是水,是水分子的集合。主要是供给微电子、宇航员等高端环境使用。对于人体来讲,饮用纯净水并非必要,事实上,经过灌装、运输、管道输送等,喝到嘴里的已经不是纯净水了。纯净水与人类传统饮用水有原则上的差别,它的优点在于:没有细菌、没有病毒、干净卫生。纯净水中含有极少量的微量元素,但是人体所需要的矿物质补充主要来源于食物,从水中吸收的只有1%。

矿泉水

矿泉水是从地下深处自然涌出的或经人工揭露的、未受污染的地下矿水，含有一定量的矿物盐、微量元素或二氧化碳气体。通常情况下，其化学成分、流量、水温等动态在天然波动范围内相对稳定。矿泉水是在地层深部循环形成的，含有国家标准规定的矿物质及限定指标。根据身体状况及地区饮用水的差异，选择合适的矿泉水饮用，可以起到补充矿物质，特别是微量元素的作用。

● 自来水 ●

自来水是指通过自来水处理厂净化、消毒后生产出来的符合相应标准的供人们生活、生产使用的水。生活用水主要通过水厂的取水泵站汲取江河湖泊及地下水，由自来水厂经过沉淀、消毒、过滤等工艺流程的处理，出水达到国家《生活饮用水卫生标准》后，再通过配水泵站输送给各个用户。

生活饮用水安全小常识

保护好饮用水源，及时清除水源周围的垃圾及污染物，将人畜饮用水源分开，保证饮用水卫生安全。

饮用水源的选择要远离厕所、畜生圈、垃圾堆，水源周围禁止排放人畜粪便及其他污染物。无自来水供应的地方应优先选用泉水或井水。

启用新的水源时应对水质进行检测，水质符合生活饮用水卫生标准后方可饮用。

做到喝开水、不喝生水。一般细菌在水温 80℃ 左右就不能

白开水

生存，将水煮沸几分钟后，几乎可以将水中的细菌、病毒全部杀死。

必须消毒饮用水。在干旱时，卫生条件常常较差，疾病暴发的危险性比较高，尤其是在低免疫力人群中。因此，在应急情况下应该消毒饮用水，并使供水系统中维持适当的消毒剂余留量（如氯）。

如需要远距离运水时，要注意防止运水过程造成饮水的污染。送水工具在使用前必须彻底清洗消毒。

备用水源点要设立保护区，禁止排放有毒物质，如废水、废渣、垃圾、粪便等污染物。

干旱造成生活饮用水匮乏，导致洗手、蔬菜清洗困难等问题，容易引起痢疾、霍乱、甲型肝炎、伤寒及其他感染性腹泻等疾病的传播。因此，如出现身体不适要及时到当地医院诊治。

遇生活饮用水水质污染或不明原因水质突然恶化及水源性疾病暴发事件时，必须立即采取应急措施，并及时报告当地卫生行政部门。

饮用水源

长江源头垃圾污染

长江源头，地处唐古拉山和昆仑山之间，青藏高原腹地，空气稀薄，气候恶劣，人迹罕至，生态环境系统原始而脆弱。本应是最洁净的地方，但随着越来越多人类活动的干扰，这里正遭遇垃圾污染的入侵。

长江源包括北源楚玛尔河，正源沱沱河，南源当曲，主要在青海、西藏境内，地处青藏高原腹地，遍布的冰川为大江大河提供源源不断的水资源，高原上独有的野生珍稀动物，也是这里最宝贵的财富。

长江源区是中国受气候变化最敏感的区域之一。自 1960 年以来这一地区以每 10 年 0.2℃ 的幅度增温，冰川与永久积雪面积持续缩小，河流和湖泊也不断萎缩。

生态恶化带来了严重后果，被称为“长江源头第一县”的曲麻莱县曾因缺水，县城两次迁址，被废弃的旧县城成为一片荒凉废墟。为保护长江源生态，2000 年，三江源（长江、黄河、澜沧江）自然保护区成立，并先后启动了休牧还草、围栏养殖、禁采沙金、生态移民等措施。

长江南源最大的支流布曲河滩的废弃物

相比气候变暖的大背景，对长江源更直接的威胁则来自大量人类活动进入该地区造成的环境污染。过去，牧民吃牛羊肉、烧牛粪，盖的是牛毛的帐篷，鞋坏了扔了被狗吃，垃圾很少。近年，青藏铁路的通车和城镇化的快速推进，致使大量工业产品垃圾入侵，牧民的生产和生活方式也在发生变化。

青藏公路上排成长龙的货车

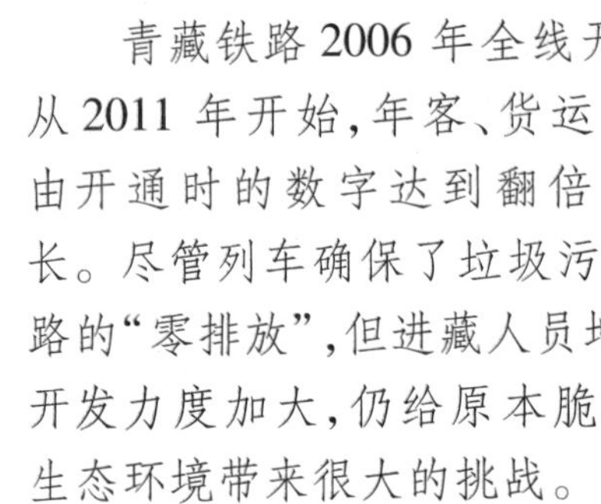

青藏铁路 2006 年全线开通，从 2011 年开始，年客、货运量已由开通时的数字达到翻倍的增长。尽管列车确保了垃圾污物沿路的“零排放”，但进藏人员增多、开发力度加大，仍给原本脆弱的生态环境带来很大的挑战。

青藏公路被认为是进藏公路中路况最稳定，同时也是最繁忙的一条公路。这里车流量大，再加上警力短缺、配套管理设施落后等因素，事故多发，常造成严重的堵车现象。

骑行西藏和自驾游近年非常火爆，他们当中

不少人会将难以降解的垃圾打包，到达站点后再丢弃。但青藏线两侧的塑料包装、食品纸盒等人为垃圾仍在不断增多，已威胁到野生动物、草原生态和三江水源地的安全。

在青藏公路的沿线，每隔一段就有一块警示牌提醒行人车辆注意避让野生动物，但并没有一块警示牌提醒人们别乱扔垃圾。

2013年，40名志愿者在昆仑山口至唐古拉山口的450公里青藏线沿线开展了一周的垃圾状况调查。期间收集塑料饮料瓶6万多个，易拉罐4万多个，塑料袋及其他塑料包装2.5万多个。食品、饮料包装及其他生活物品包装占垃圾总量的97%，而这些垃圾主要是卡车司机和游客随意丢弃的。

布曲河滩边上也堆满了生活固体废弃物，主要为白色垃圾（塑料包装物）、金属罐、玻璃瓶、织物和皮革。若长期堆积，除破坏景观、缩小水面面积外，其有害成分还会进入空气、土壤、河流或地下水源，造成污染。

车流、人流量增多也催生了长江源地区的餐饮和住宿业，青海唐古拉山镇地处长江源头沱沱河畔，被称为“长江第一镇”，也是青藏公路上的重要驿站。这里餐馆、宾馆、杂货店临街而立，有不少是新开的。人流的增多带来了垃圾的增加，唐古拉山镇的垃圾一般三五天就要烧一次。面积4.7万平方公里唐古拉山镇，仅有2名专职的环卫工人。这种对混合废弃物直接点燃的垃圾处理方式会带来环境污染和健康

被打包整理的垃圾

风险。

面对三江源地区日益增多的生活垃圾，民间环保力量逐渐介入这一领域。2012年9月落成的“长江源水生态环境保护站”就是其中之一，保护站实施“垃圾换物品”和“带走一袋垃圾，呵护长江水源”项目，致力于解决长江水源地垃圾从回收到运输的难题，以改善长江水源地环境状况，为高原垃圾回收运输做出示范。当地牧民们送来垃圾，可以按标准将垃圾换算成金额，然后去商店挑自己需要的物品，由保护站结账。通常，垃圾在这里会被分为五类：一般塑料垃圾、玻璃、易拉罐、塑料瓶和纸质垃圾。

回收的垃圾由志愿者进行分拣、消毒打包，再借助青藏线上的空返车辆运到格尔木指定处置点回收处理——青藏线上的空返卡车很多，游客私家车也不少，而参与运送的车辆会得到漂亮的公益项目的车贴。

保护站运行一年多，收集的矿泉水瓶就有6万多个，易拉罐2万多，还有几千公斤废旧电器、电池。在其示范推动下，可可西里保护区管理局已向上级部门申请，在青藏线上建立以司机和游客为主要对象的垃圾回收站。

“我刚从西藏阿里转山回来，整个深山里，原来特别美的河沟里全都是现代化的垃圾。”医生寒梅是环保组织绿色江河的一名志愿者，她与保护可可西里而被盗猎分子枪杀的英雄杰桑·索南达杰是同学。退休后的她也走上了公益环保之路。寒梅感叹单靠他们力量太薄弱，呼吁大家一起重视青藏高原的垃圾处理问题。

在多数人眼中，长江源仍是一片遥远的净土，而越干净的土地越是引人向往，也越承受不起人类活动的入侵。大江源头，点滴污染和破坏，都有可能扩散至整个流域。全球变暖也好，垃圾入侵也好，长江源的干净与健康，最终需要每一个个体在环境面前规范自己的行为。

什么是饮用水源

饮用水源概括了提供城镇居民生活及公共服务用水（如政府机关、企事业单位、医院、学校、餐饮业、旅游业等用水）取水工程的水源，包括河流、湖泊、水库、地下水等。以供水人口数为分界线，供水人口数小于1000人的为分散式饮用水源，大于1000人的为集中式饮用水源。

饮用水源的分类

在我国《地表水环境质量标准》中，地表水依据水域环境功能和保护目标，按功能高低依次分为以下五类。

Ⅰ类水

主要适用于源头水、国家自然保护区。

Ⅱ类水

主要适用于集中式生活饮用水地表水源地一级保护区、珍稀水生生物栖息地、鱼虾类产卵场、仔稚幼鱼的索饵场等。

Ⅲ类水

主要适用于集中式生活饮用水地表水源地二级保护区、鱼虾类越冬场、洄游通道、水产养殖区等渔业水域及游泳区。

Ⅳ类水

主要适用于一般工业用水区及人体非直接接触的娱乐用水区。

Ⅴ类水

主要适用于农业用水区及一般景观要求水域。

饮用水源的现状

中国是一个水资源既丰富又短缺的国家，水资源丰富是指中国水资源总量丰富。中国淡水资源总量约为2.8万亿立方米，占全球水资源的6%，仅次于巴西、俄罗斯和加拿大，居世界第四位。但是中国又是水资源短缺的国家，人均水资源占有量只有2200立方米,仅为世界平均水平的1/4、美国的1/5,在世界上名列第121位,是联合国认定的"水资源紧缺"国家。在全国600多个建制城市中,有400多个存在供水不足的问题,其中严重缺水的城市有110个,全国城市缺水总量达60亿立方米。

就水资源充足的长江地区而言,现在也面临着严重的水资源问题。在这些地区,河流开始出现断流,湖泊面积开始逐年减少,最大的淡水湖洞庭湖由于围垦,其面积已由20世纪50年代的3696平方千米萎缩至现在的2690平方千米。与此同时,我国面临着严重的水土流失,面积已达到全国国土面积的38%,近一半河段和九成的城市水域受到不同程度的污染。水环境的恶化破坏了生态系统,而生态系统的破坏又进一步加剧了水资源的紧缺。

饮用水源的保护

● 饮用水地表水源保护 ●

对于饮用水地表水源保护,《饮用水水源保护区污染防治管理规定》做出了较为详细的规定。

一级保护区内:禁止新建、扩建与供水设施和保护水源无关的建设项目;禁止向水域排放污水,已设置的排污口必须拆除;不得设置与供水需要无关的码头,禁止停靠船舶;禁止堆置和存放工业废渣、城市垃圾、粪便和其他废弃物;禁止设置油库;禁止从事种植、放养畜禽和网箱养殖活动;禁止可能污染水源的旅游活动和其他活动。

二级保护区内:禁止新建、改建、扩建排放污染物的建设项目;原有排污口依法拆除或者关闭;禁止设立装卸垃圾、粪便、油类和有毒物品的码头。

准保护区内:禁止新建、扩建对水体污染严重的建设项目;改建建设项目,不得增加排污量。

饮用水地下水源保护

对于饮用水地下水源各级保护区及准保护区,《饮用水水源保护区污染防治管理规定》规定:

一级保护区内:禁止建设与取水设施无关的建筑物;禁止从事农牧业活动;禁止倾倒、堆放工业废渣及城市垃圾、粪便和其他有害废弃物;禁止输送污水的渠道、管道及输油管道通过本区;禁止建设油库;禁止建立墓地。

二级保护区内:潜水含水层地下水水源地,禁止建设化工、电镀、皮革、造纸、制浆、冶炼、放射性、印染、染料、炼焦、炼油及其他有严重污染的企业,已建成的要限期治理,转产或搬迁;禁止设置城市垃圾、粪便和易溶、有毒有害废弃物堆放场和转运站,已有的上述场站要限期搬迁;禁止利用未经净化的污水灌溉农田,已有的污灌农田要限期改用清水灌溉;化工原料、矿物油类及有毒有害矿产品的堆放场所必须有防雨、防渗措施。承压含水层地下水水源地,禁止承压水和潜水的混合开采,做好潜水的止水措施。

准保护区内:禁止建设城市垃圾、粪便和易溶、有毒有害废弃物的堆放场站,因特殊需要设立转运站的,必须经有关部门批准,并采取防渗漏措施;当补给源为地表水体时,该地表水体水质不应低于《地表水环境质量标准》Ⅲ类标准;不得使用不符合《农田灌溉水质标准》的污水进行灌溉,合理使用化肥;保护水源林,禁止毁林开荒,禁止非更新砍伐水源林。

饮用水水源一级保护区

水的硬度

水垢

人们常常觉得，水是清亮透明的物质，然而在日常生活中，开水壶用久了，里面会长出一层厚厚的白色物质，这种由水中的杂质形成的物质便是水垢。

那么水垢是怎么形成的呢？这还要从水的硬度说起。含有钙镁盐类等矿物质的水叫作“硬水”。河水、湖水、井水和泉水都是硬水。自来水是河水、湖水或者井水经过沉降，除去泥沙，消毒杀菌后得到的，也是硬水。刚下的雨雪，水里不含矿物质，是“软水”。水烧开后，一部分水蒸发了，本来不好溶解的硫酸钙（$CaSO_4$，石膏就是含结晶水的硫酸钙）沉淀下来。原来溶解的碳酸氢钙和碳酸氢镁，在沸腾的水里分解，放出二氧化碳，变成难溶解的碳酸钙和氢氧化镁沉淀下来，这样就形成了水垢。

那使用硬水有什么影响呢？用硬水洗衣服的时候，水里的钙镁离子和肥皂结合，生成了脂肪酸钙和脂肪酸镁的絮状沉淀，这就是“豆腐渣”的来历。在硬水里洗衣服，浪费肥皂。水壶里长了水垢，不容易传热，浪费燃料。这些对于一个家庭来说，浪费还不算严重。对于工厂来说，问题就大啦。工厂供暖供汽用的大锅炉，有的每小时要送出好几吨蒸汽，相当于烧干几吨水。据试验，一吨河水里大约有1.6千克矿物质；而一吨井水里的矿物质高达30千克左右。一天输送几十吨蒸汽，硬水在锅炉内壁沉积出的水垢数量，又该多么惊人！大锅炉里结了水垢，好比锅炉壁的钢板和水之间筑起一座隔热的石墙。锅炉钢板挨不着水，炉膛的火一个劲地把钢板烧得通红。这时候，如果水垢出现裂缝，水立即渗漏到高温的钢板上，急剧蒸发，造成锅炉内压力猛增，就要发生爆炸。锅炉爆炸的威力，不亚于一颗重磅炸弹！由此可见水垢的危害。因此在工厂里，往往会在水里加入适量的碳酸钠（俗名苏打），使水中的钙镁盐类变成沉淀除去，水就变成了软水。使硬水通过离子交换树脂，也能除去其中的矿物质，得到软水。

什么是水的硬度

水根据自身的硬度首先分为软水和硬水两种。水的硬度是指溶解在水中的盐类物质的含量,也就是钙盐与镁盐的含量,它包括暂时硬度和永久硬度。水中 Ca^{2+}、Mg^{2+} 以酸式碳酸盐形式存在的部分,因其遇热即形成碳酸盐沉淀而被除去,称为暂时硬度;而以硫酸盐、硝酸盐和氯化物等形式存在的部分,因其性质比较稳定,不能够通过加热的方式除去,故称为永久硬度。

水硬度是水质的一个重要监测指标,通过监测可以知道其是否可以用于工业生产及日常生活,如硬度高的水可使肥皂沉淀,使洗涤剂的效用大大降低;纺织工业上硬度过大的水使纺织物粗糙且难以染色;烧锅炉易堵塞管道,引起锅炉爆炸事故;高硬度的水难喝、有苦涩味,饮用后甚至影响胃肠功能,喂牲畜可引起孕畜流产。

硬水的危害

硬水并不对健康造成直接危害。实际上,根据英国国家研究院的研究,硬水质的饮用水富含人体所需矿物质成分,是人们补充钙、镁等成分的一种重要渠道。进一步的研究指出:当某一地区水中的矿物质溶量很高的时候,饮用水将成为人们吸收钙等成分的主要来源,因为溶于水中的钙是最易为人体吸收的。

软水因为硬度低,对婴儿身体负担较轻,作为冲泡奶粉的用水被人们所看好。奶粉因为本身含有蛋白质和矿物等营养成分,加上高硬度的硬水的冲泡会加重对宝宝身体的负担。婴儿的内脏还未发育完全,矿物成分过量摄入可能会引起消化不良,所以矿物成分含量较低的软水更适合冲泡奶粉。

硬水有许多缺点:和肥皂反应时产生不溶性的沉淀,降低洗涤效果;常饮用硬水会增加人体过滤系统结石的得病率;工业上,钙盐镁盐的沉淀会造成锅垢,妨碍热传导,严重时还会导致锅炉爆炸,由于硬水问题,工业上每年因设备、管线的维修和更换要耗资数千万元。

硬水的饮用还会对人体健康与日常生活造成一定的影响，没有经常饮硬水的人偶尔饮硬水，会造成肠胃功能紊乱，即所谓的“水土不服”；用硬水烹调鱼肉、蔬菜，会因不易煮熟而破坏或降低食物的营养价值；用硬水泡茶会改变茶的色香味而降低其饮用价值；用硬水做豆腐不仅会使产量降低，而且影响豆腐的营养成分。

硬水在加热的情况下，会沉淀出碳酸钙和碳酸镁，由于碳酸钙、碳酸镁不溶于水，所以对健康生活有很大影响。

软化硬水的方法

若水的硬度是暂时硬度，这种水经过煮沸以后，水里所含的碳酸氢钙或碳酸氢镁就会分解成不溶于水的碳酸钙和难溶于水的氢氧化镁沉淀。这些沉淀物析出，水的硬度就可以降低，从而使硬度较高的水得到软化。

若水的硬度是永久硬度，可以使用以下五种方法。

● 离子交换法 ●

采用特定的阳离子交换树脂，以钠离子将水中的钙镁离子置换出来，由于钠盐的溶解度很高，所以就避免了随温度的升高而生成水垢的情况。这种方法是目前最常用的标准方式。主要优点是效果稳定准确、工艺成熟，可以将硬度降至0。采用这种方式的软化水设备一般也叫作“离子交换器”。

● 膜分离法 ●

纳滤膜（NF）及反渗透膜（RO）均可以拦截水中的钙镁离子，从而从根本上降低水的硬度。这种方法的特点是效果明显而稳定，处理后的水适用范围广；但是对进水压力有较高要求，设备投资、运行成本都较高。一般较少用于专门的软化处理。

石灰法

向水中加入石灰，主要是用于处理大流量的高硬水，效果是只能将硬度降至一定的范围。

电磁法

采用在水中加上一定的电场或磁场来改变离子的特性，从而改变碳酸钙(碳酸镁)沉积的速度及沉积时的物理特性来阻止硬水垢的形成。其特点是设备投资小，安装方便，运行费用低；但是效果不够稳定，没有统一的衡量标准，而且由于主要功能仅是影响一定范围内的水垢的物理性能，所以处理后的水，使用时间有一定局限。多用于商业(如中央空调等)循环冷却水的处理，不能应用于工业生产及锅炉补给水的处理。

加药法

向水中加入专用的阻垢剂，可以改变钙镁离子与碳酸根离子结合的特性，从而使水垢不能析出、沉积。现在工业上可以使用的阻垢剂很多。这种方法的特点是一次性投入较少，适应性广；但水量较大时运行成本偏高，由于加入了化学物质，所以水的应用受到很大限制，一般情况下不能应用于饮用、食品加工、工业生产等方面。在民用领域中也很少应用。

消毒副产物

游荡的幽灵：霍乱引发的世界卫生革命

世界之巅，巍峨的喜马拉雅山。在它的南麓，有一条大河奔流不息地流淌着，几千年来哺育了古老的印度文明，这就是恒河。印度人视恒河为“圣河”，每天都有成千上万的人在河水里洗浴，以洗涤自己的灵魂。然而在他们脚下，却潜藏着一个致命的幽灵。

早在两千多年前，恒河流域就存在着一种古老的疾病，只不过由于交通不便,它的侵袭还只限于当地。然而,当19世纪的大门开启时,英国殖民者入侵印度乃至整个世界,加上交通工具的发展,潘多拉的魔盒最终被彻底打开,一个叫作“霍乱”的幽灵窜了出来,向全世界展露出它狰狞的面目。

1817年的印度连降暴雨,导致恒河泛滥成灾,洪水淹没了两岸,霍乱瘟神趁机发作;加上印度人有水葬的习俗,病死的尸体被投入恒河随波逐流,使疫病迅速在恒河中下游乃至全印度流行开来。紧接着,霍乱开始了首次“出境游”,先后进入中国、日本和中东地区。然而由于随后几个严寒的冬季,它的“旅游计划”草草收场。

1829年夏,霍乱卷土重来,在印度北部和伊朗、阿富汗复苏后,势不可挡地沿着通商、朝圣及战争路线奔向全世界,尤其是经济、军事活动最为活跃的欧洲。在整个欧洲大陆,瘟疫没有任何预兆地迅速扩散开,人们却根本不知道如何预防和治疗,染病后的死亡率有时甚至高达50%以上。患者一旦得病,将会极其痛苦:无法控制地呕吐、腹泻,直至肠胃皆空、全身脱水,有气无力;而脱水使人的肌肉严重痉挛、两眼凹陷,空荡荡的肠胃则使人不停地打嗝并继续干呕;直到最后全身青黑,干枯得不成人样,痛苦地死去,情形极为骇人!从感染疾病到死亡,常常只有几个小时!

1832年春天,当霍乱在巴黎泛滥时,诗人海涅恰在此地,留下了关于疫病的可怕记载:起初人们对霍乱的出现并不以为然,夜晚舞厅里音乐和狂欢声震耳欲聋。突然,一个最搞笑的小丑双腿瘫软倒地,摘下他的面具一看,人们惊异地发现他面色青紫,大家的欢笑声霎时被卡在了喉咙里。但很快他们就一排排倒下死去了,然后尸体被慌忙塞进箱子、布袋里处理掉,公墓外的灵车排起了长龙。富人们收拾细软逃离城市,穷人们怀疑有人投毒,杀死他们认为的“罪犯”,抛尸大街。

与此同时,与欧洲大陆一水相隔的英伦三岛也陷入了恐慌。英国人希望凭借英吉利海峡的天然屏障,将霍乱挡在国门之外。

为此,英国限制旅行者入境,甚至出动军舰拦截从疫区驶来的货船。然而,霍乱幽灵仍然神不知鬼不觉地“随风潜入境,害人细无声”。从1831年8月英国发现第一例霍乱病例起,瘟疫迅速蔓延到全国。仅在1832年一年,伦敦就有11000人被传染,其中一半左右死亡,一些小村庄甚至全村死绝。小城考文垂的百姓由于害怕瘟疫传入,当地民兵竟向送信的邮差开枪,只因为他是从伦敦来的。

横扫了英国后,霍乱又向西侵入爱尔兰,最后横跨大西洋,登陆加拿大,一路向南扫荡了整个美洲大陆。直到1833年年末,这场恐怖的瘟疫才逐渐平息下去。

然而,人类的噩梦还远没有结束。此后每隔几年到几十年,霍乱就会大爆发流行一次;从1817年首次在印度爆发至今,全球一共有七次霍乱大流行。瘟神每次肆虐过后,都会有成千上万的人惨死,包括西方近代军事理论先驱克劳塞维茨、俄国作曲家柴可夫斯基等,都是被霍乱夺去了生命。据统计,在霍乱的前六次大流行中,仅印度就总共死亡了3800万人。

第七次霍乱大流行始于1961年,首先出现于印度尼西亚,先后波及全球140多个国家和地区,直到今天仍保持着大流行的态势,全球每年有10万人死于该病。世界卫生组织20世纪90年代宣称:霍乱是对全球的永久威胁,并认为“这一威胁在增大”。2004年年末印度洋海啸后,灾区出现的最早疫情之一就是霍乱。

面对病魔,人类的探索和斗争从未停止。在19世纪时,欧洲医学普遍认为:人类是由于呼吸了带有毒气的空气才会得病。由于信奉这一理论,人们在防治霍乱时几乎毫无效果,直到一个叫约翰·斯诺的麻醉师出现。

1854年,英国伦敦再次流行霍乱。约翰·斯诺根据自己的从医经验,发现霍乱病人的症状总是从消化道开始的,他由此怀疑致病元凶可能不是空气,而是不干净的饮食。他查到了所有患霍乱而死的人的详细住址,标注在一张伦敦地图上。最后,他把目光集中到了布罗德街和牛津街交汇处的一口水井上:“几乎所有死者都住在离这口水井不远的地方。”更进一步的调查证实:凡是喝过这口井里的水的居民,哪怕住得离这里很远,也都染上霍乱死去了;而即使是附近的居民,只要不喝此井里的水就没事。而且就在此地霍乱流行之前,布罗德街的一个小男孩儿出现了霍乱症状,家人给他洗完尿布后,把脏水倒在了和这个水井相通的排水沟里。

真相大白了!这口水井就是罪魁祸首!斯诺立即将此事报告给主管官员,要求封闭这口井。尽管官员们不相信,但是既然毫无办法,就权且试一试吧。没想到从第二天开始,发病人数就迅速减少,并最终停了下来。可见,饮用水的卫生程度对人类的健康有多大的影响。

随后斯诺又提出了几条预防霍乱的具体措施,例如换洗脏衣被、勤洗手和将生水烧开饮用,尽量对饮用水做到初步的消毒杀菌等。尽管他没有发现霍乱的病原体,但是他找到了霍乱传染的媒介,并加以遏止。在此基础上,英国加强了城市供水和排水系统的卫生保障,并逐步建立了完善的下水道系统,“饭前便后要洗手”也逐渐为人们所熟知。

直到1883年,霍乱又大肆祸乱埃及。德国著名的细菌学家罗伯特·科赫受邀来到埃及,在疫区勇敢地进行研究工作。他在死者的肠黏膜上发现了一种细菌——形状像逗号,有点弯曲的霍乱弧菌,至此人类终于找到了潜伏在人体内几千年的霍乱元凶。科赫因此获得了1905年的诺贝尔医学奖。

什么是消毒副产物

对饮用水加消毒剂消毒的目的在于消灭水中的病原体,防止水传染性疾病的传播。但是后来人们发现,经消毒后的水中除含有微量的消毒剂外,还可以产生许多消毒副产物,简称DBPs(Disinfection By-Products)。

消毒副产物的种类

自1974年Rook和Bellar等人发现饮用水加氯消毒可以产生三卤甲烷(THMs)后,人们进行了大量的研究后发现了消毒副产物。消毒副产物有上百种物质,除THMs外,还可以形成卤乙酸、卤乙腈、卤代酮类、三氯乙醛,水合氯醛、三氯硝基甲烷,氯化苦、氯化腈、氯酚、甲醛、氯酸盐、亚氯酸盐、溴酸盐等。

过去常用的消毒剂为液氯,目前氯胺、二氧化氯、臭氧等不同种类的消毒剂也在广泛应用。使用不同的消毒剂产生的消毒副产物不同,液氯作为饮用水中的消毒剂在全世界应用的时间最久、范围最广泛,通常它以次氯酸或次氯酸盐的形式存在。饮用水加氯消毒可以产生三卤甲烷(THMs),还可以形成卤乙酸、卤乙腈等。氯胺作为第二大消毒剂,与液氯相比可以明显降低上述DBPs的含量,但是可以导致氯化腈和亚硝酸盐的生成;臭氧可以氧化水中的有机物产生非卤代DBPs,如酮类、羧酸和醛类化合物,以甲醛为主,它还可以直接与溴离子反应产生溴酸盐,如果水中同时存在有机物和溴离子时,臭氧可以氧化溴离子为次溴酸,而导致溴代DBPs的生成,如溴仿。

消毒副产物的危害

有关DBPs毒理学的研究进展很快,到目前为止THMs已被公认为对动物具有致癌作用,国内也有一些试验表明,DBPs可能具有生殖毒性,致突变性和致癌性。如卤乙酸具有致癌、生殖、发育毒性;高剂量的溴酸盐可以引起动物肾小管损伤等。

消毒副产物进入人体的途径

由于饮用水、游泳池池水甚至某些废水的处理过程中都用氯化消毒的方法,因此,在日常生活中THMs可以通过不同的途径进入人体,从而对人体消化系统、肾脏、肝脏和中枢神经等产生影响。

由消化道进入——饮水

水经过水厂的氯化消毒，含有较多的氯化副产品。由于氯化消毒方法便宜、有效，在全世界应用已经有100多年的历史，一些国家从水厂供给居民的饮用水中THMs含量可高达200～300μg/L，因此，人体会从每天饮用的水中摄入一定量的THMs。

由呼吸道进入

淋浴、做饭、游泳时都可能吸入THMs。THMs的挥发性强，在水中存在后，在加热、沸腾、压力变化等物理、化学条件变化下，会挥发到空气中，被人体吸入。

室内游泳池旁的环境空气中也含有较多的THMs，在游泳池旁逗留一个小时后肺泡中的THMs的含量大幅度提高，血浆中的THMs浓度也会提高。

由皮肤进入

淋浴、游泳、洗东西时皮肤接触大量经过氯化消毒的水，从而使THMs通过皮肤进入人体。游泳人员比在室内游泳池旁的人摄入的THMs量更高，平均摄入量为221μg/h，是游泳池旁人员的7倍，这是由于游泳人员除呼吸以外，皮肤还要与水接触，说明皮肤吸收THMs也是人体中THMs的主要来源之一。

消毒副产物的去除方法

改变消毒剂的种类

可用来作为消毒剂的物质包括氯胺、二氧化氯、臭氧、碘、过氧化氢、二氧化钛、高锰酸钾等，然而这些物质都具有一定局限性，如杀死微生物的能力较低、具有直接的毒性或产生其他的有毒副产物等。物理过程如紫外线、超声波、膜过滤都不能保证在整个输水管网系统中起到杀菌的作用。

二氧化氯是一种强氧化剂，也是一种较好的饮用水消毒剂。其杀灭细菌、病毒的作用较强，不亚于氯；而且与水中的腐殖酸、富里酸等作用时不会产生 THMs 消毒副产物，同时还可以延长配水管网中的消毒时间。

臭氧具有较强的氧化能力，可以有效地去除色、嗅、味，杀病毒、灭菌，杀孢子的作用比氯快，消毒后的水无氯酚味，而且不产生消毒副产物。用臭氧氧化含溴化物的水体，臭氧可将大分子的有机物氧化为小分子的有机物，从而降低这些物质与氯的反应。但臭氧可将溴离子氧化为次溴酸，从而使溴代三卤化物的产生量增加。

消毒副产物前体有机物的去除

对于消毒副产物前体有机物的去除有多种方法，如化学氧化、絮凝、纳滤、超滤、活性炭吸附、反渗透和光催化技术等。

利用预臭氧氧化和生物过滤结合，能够有效去除可生物降解的有机质和氧化副产物，但其对腐殖酸的减少较少。

对比用铝盐絮凝处理前后消毒副产物的产生量，结果表明絮凝后消毒，消毒副产物的产生量明显降低。

超滤膜可以除去分子量稍大的有机质，絮凝可增加超滤膜去除有机质的效率；振动可增强纳滤膜去除有机质的效率。

活性炭吸附可以去除消毒副产物的前体有机物，但不能去除溴化物，因此会使消毒副产物中溴代三卤化物的比例增加。反渗透可以有效地去除或分离天然软水（硬度较低）中的溶解性有机物，该过程并不改变天然水中有机物的物理化学特性，因此也不会影响各种消毒副产物的浓度比例。

另外，常规水处理工艺都能在一定程度上去除水中的有机物，因此都可减少 THMs 的生成量。

加氯之后去除产生的消毒副产物

简单的物理过程，将水煮沸就可在一定程度上去除水中有机物。自来水煮沸过程中，消毒副产物先随温度增加而增加，并于煮沸到100℃时达到最高点，此后若打开盖子继续煮沸3～5分钟，则水中消毒副产物含量会大幅度减少。

水体污染与自净

水葱——小植物大功效

水葱，为莎草科藨草属下的一个植物种。它虽然看起来和我们平时食用的大葱长得很像，但又截然不同。它株高1～2米，茎秆高大通直，很像食用的大葱，但不能食用。杆呈圆柱状，中空。根状茎粗壮而匍匐，须根很多。在自然界中常生长在沼泽地、沟渠、池畔、湖畔浅水中。水葱的地上部分可入药，夏、秋采收，洗净，切段，晒干，具有利水消肿之功效。此外，水葱在水景园中主要做后景材料；其茎秆可作插花线条材料，也用作造纸或编织草席、草包材料。最重要的是，水葱还是天然的水质净化器，为水体自净贡献了不少力量。

水葱

它能够吸收水底淤泥中的氮、磷等营养元素，改善水的富营养化，从而达到净化水体的作用。水葱对水中的酚类化学物质具有较强的分解吸收能力，对水中其他的有害物质也具有一定的吸收作用，可以改变污水的颜色、浑浊物质，起到天然的水质净化器的作用。

什么是水体污染与水体自净

污染物投入水体后，使水环境受到污染。污水排入水体后，一方面对水体产生污染，另一方面水体本身有一定的净化污水的能力，即经过水体的物理、化学与生物的作用，使污水中污染物的浓度得以降低。经过一段时间后，水体往往能恢复到受污染前的状态，并在微生物的作用下进行分解，从而使水体由不洁恢复为清洁，这一过程称为水体的自净过程。

水体自净特征

废水或污染物一旦进入水体后，就开始了自净过程。该过程由弱到强，直到趋于恒定，使水质逐渐恢复到正常水平。

全过程的特征是：

① 进入水体的污染物，在连续自净过程中，总趋势是浓度逐渐下降。

② 大多数有毒污染物经各种物理、化学和生物作用，转变为低毒或无毒化合物。

③ 重金属类污染物，从溶解状态被吸附或转变为不溶性化合物，沉淀后进入底泥。

④ 复杂有机物，如碳水化合物，脂肪和蛋白质等，不论在溶解氧富裕或缺氧条件下，都能被微生物利用和分解，先降解为较简单有机物，再进一步分解为二氧化碳和水。

⑤ 不稳定的污染物在自净过程中转变为稳定的化合物，如氨转变为亚硝酸盐，再氧化为硝酸盐。

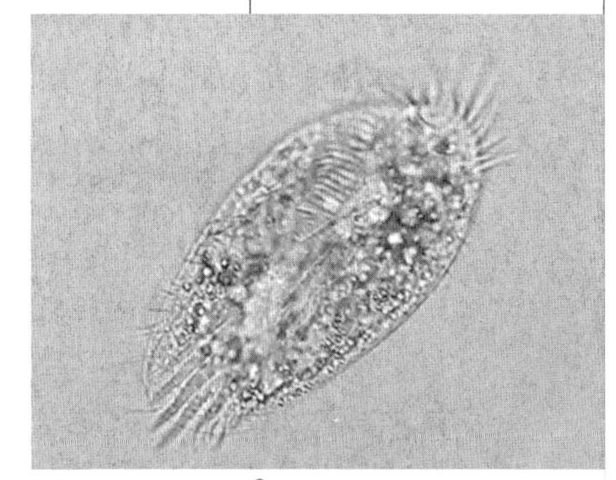

纤毛虫

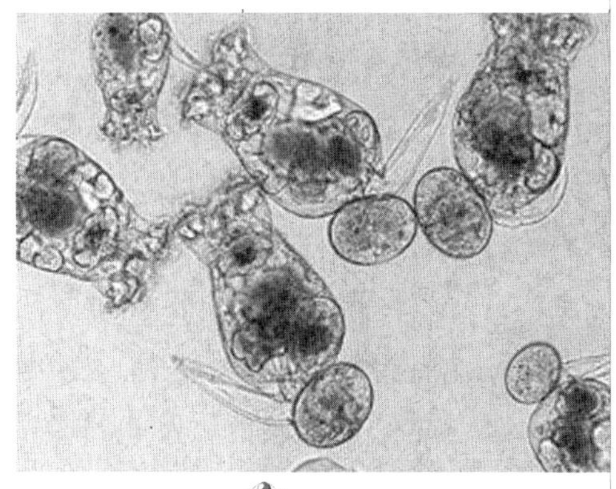

轮虫

⑥ 在自净过程的初期,水中溶解氧数量急剧下降,到达最低点后又缓慢上升,逐渐恢复到正常水平。

⑦ 进入水体的大量污染物,如果是有毒的,则生物不能栖息,如不逃避就要死亡,水中生物种类和个体数量就要随之大量减少。

随着自净过程的进行,有毒物质浓度或数量下降,生物种类和个体数量也逐渐随之回升,最终趋于正常的生物分布。进入水体的大量污染物中,如果含有机物过高,那么微生物就可以利用丰富的有机物为食料而迅速的繁殖,溶解氧随之减少。随着自净过程的进行,纤毛虫之类的原生动物有条件取食于细菌,则细菌数量又随之减少;而纤毛虫又被轮虫、甲壳类吞食,使后者成为优势种群。有机物分解生成的大量无机营养成分,如氮、磷等,使藻类生长旺盛,藻类旺盛又使鱼、贝类动物随之繁殖起来。

影响水体自净的因素

水体的自净能力是有限的,当排入水体的污染物数量超过某一界限时,将造成水体的永久性污染,这一界限称为水体的自净容量或水环境容量。影响水体自净的因素很多,其中主要因素有:受纳水体的地理和水文条件、微生物的种类与数量、水温、复氧能力以及水体和污染物的组成、污染物浓度等。

水文要素

流速、流量直接影响移流强度和紊动扩散强度。流速和流量大,不仅水体中污染物浓度稀释扩散能力随之加强,而且水汽界面上的气体交换速度也随之增大。河流中流速和流量有明显的季节变化,洪水季节,流速和流量大,有利于自净;枯水季节,流速和流量小,给自净带来不利。河流中含沙量的多少与水中某些污染物质浓度有一定关系。如研究发现中国黄河含沙量与含砷量呈正相关关系,这是因为泥沙颗粒对砷有强烈的吸附作用。一旦河水澄清,含砷量就大为减少。水温不仅直接影响水体中污染物质化学转化的速度，而且能通过影响水体中微生物的活动对生物化学降解速度产生影响，随着水温的增加，生物耗氧量的降低速度明显加快。

太阳辐射

太阳辐射对水体自净作用有直接影响和间接影响两个方面。直接影响指太阳辐射能使水中污染物质产生光转化；间接影响指可以引起水温变化和促进浮游植物及水生植物进行光合作用。太阳辐射对水深小的河流自净作用的影响比对水深大的河流大。

底质

底质能富集某些污染物质，河水与河床基岩和沉积物也有一定物质交换过程，这两方面都可能对河流的自净作用产生影响。例如，河底若有铬铁矿露头，则河水中含铬可能较高；又如，汞易被吸附在泥沙上，随之沉淀而在底泥中累积，虽较稳定，但在水与底泥界面上存在十分缓慢的释放过程，使汞重新回到河水中，形成二次污染。此外，底质不同，底栖生物的种类和数量不同，对水体自净作用的影响也不同。

水生物和水中微生物

水中微生物对污染物有生物降解作用，某些水生物对污染物有富集作用，这两方面都能减低水中污染物的浓度。因此，若水体中能分解污染物质的微生物和能富集污染物质的水生生物品种多、数量大，对水体自净过程较为有利。

污染物的性质和浓度

易于化学降解、光转化和生物降解的污染物显然最容易得以自净。例如，酚和氰由于易挥发和氧化分解，又能被泥沙和底泥吸附，因此在水体中较易净化。难于化学降解、光转化和生物降解的污染物也难在水体中得以自净。例如，合成洗涤剂、有机农药等化学稳定性极高的合成有机化合物，在自然状态下需十年以上的时间才能完全分解，它们以水流作为载体，逐渐蔓延，不断积累，成为全球性污染的代表性物质。水体中某些重金属类污染物可能对微生物有害，从而降低了生物降解能力。

水污染的类型及危害

癌症村

水是生命之源。可是，随着城镇化、工业发展以及人口数量的不断膨胀，中国正面临十分严峻的水污染问题，部分地区水质甚至出现持续恶化的状况。一些专家学者惊呼，地下水污染问题已经到了无以复加的程度。一些地区癌症呈现高发态势，最近频繁出现的“癌症村”，即被认为与长期水污染关系密切。水污染带来的伤害不容回避。

癌症村

“癌症村”集中在中东部经济较发达地区，靠近城市，存在不同程度的环境污染，特别是水源污染。饮用水水源对人体健康安全至关重要。长期接触或者饮用受致突变、致癌物质污染的水，可使饮用人群癌症发病率提高。中国北方地区主要饮用水来源于地下水，但包括亚硝酸盐、硝酸盐和氨氮在内的“三氮”以及重金属都是目前地下水的普遍污染物，长期饮用都会致癌。

位于太阳河流域下游的海南北坡镇南岛村，该村1997年至2001年患恶性肿瘤死亡人数多达165例,患恶性肿瘤死亡率高达1.17%。村民并不清楚为何会出现这么多的恶性肿瘤患者,目前村里已经通了自来水,饮水安全有了保障,但太阳河的旧河道和各条支流大多变成了流通不畅的死水,污染源不断增加,出现海水倒灌等现象,淤积河道臭气熏天,影响了基本生活。

什么是水污染

水污染是指水体因某种物质的介入而导致其物理、化学、生物或放射性等特性的改变,从而影响水的有效利用,危害人体健康或破坏生态环境,造成水质恶化的现象。

一般来讲,自然环境是一个动态平衡的有机体系,对环境中各种物质的变化具有一定的自动调节和缓冲能力。天然水体作为环境要素也不例外,对排入的废弃物有一定的自我处置能力,称为水体的自净能力。但是,随着科技的发展和生产能力的提高,现阶段社会循环的水量呈现不断增加的趋势,排入水体的废弃物也随之不断增多。这种增加量一旦超出了水体的自净能力,就会产生水污染,从而使水质恶化。

水污染的类型

按产生的方式分类

水污染按产生的方式可以分为自然水污染和人为水污染。

自然水污染:水在自然循环的过程中与土地、大气和岩石接触的每一个环节都会有各种杂质混入和溶入,所以从这一点来说,自然界几乎不存在纯水。

人为水污染:人类为了满足生活、生产及生存需求,不断取用天然水体中的水,经过使用后,一部分被消耗,但绝大部分变成生活污水和生产废水排放,重新进入到天然水体中。

按接受污染的水体分类

水体是指水的集合体,是地表水圈的重要组成部分,以相对稳定的陆地为边界。按水体所处的空间位置不同可以分为地表水体、地下水体、海洋水体。自然条件下，这三种水体中的水不是一成不变的，而是在条件具备时可以相互转变，主要通过水在自然界的大循环和小循环实现相互转化。因此，按照不同的水体类别可以把水污染分为地表水污染、地下水污染和海洋污染。

按污染源的分布特征分类

水污染按污染源的分布特征可以分为点源污染、非点源污染和扩散性污染，这种分类标准的主要依据是，是否有固定的排放污染源。

点源污染

指有固定排放点的污染源，主要来自城市工业废水和社区生活污水的排放，具有排污点相对集中，排污途径明确的特征。

非点源污染

是相对于点源污染而言的，它的来源比较广泛，可理解为一种分散的污染源造成的水体污染。具体是指溶解性或固体污染物在大面积降水和径流冲刷作用下汇入受纳水体而引起的水体污染，包括大气干湿沉降、暴雨径流及底泥释放等方面，其中暴雨径流是伴随水文循环初期过程而发生的一种污染面最大、随机性最强的污染来源，尤以来自农田的灌溉污染物最为突出。

扩散性污染

主要指工业生产过程中以及地面机动车、船舶、机械等运行时产生的污染物随大气扩散后通过沉降或降水等途径进入水体，引起水质破坏和污染。具体有害物质有粉尘、有害气体、放射性沉降物、酸雨等。

扩散性污染具有以下特征：季节性，扩散性污染的主要动力来自于风，因为我国是大陆性季风气候，所以扩散性污染在同一地区不同季节会存在有无、轻重的区别；范围不确定性，扩散的区域大小取决于风力的大小,风力越大,扩散性污染物飘离范围就越大,造成的危害也就越大;污染源难确定性,扩散性污染物随风力大小而改变污染物沉降区域,这种大范围污染一般很难确定具体的污染源,而只能笼统模糊确定这些污染杂质产生的大概区域。所以,扩散性污染是目前为止最难治理的一种污染形式,应该引起足够的重视。

按污染源的种类分类

水污染按污染源的种类可以分为生活污水和工业废水。

生活污水

是指人类在生活过程中产生的污水,主要是粪便和洗涤污水等,是水体的主要污染源之一。生活污水中有大量有机物,还有病原菌、病毒和寄生虫卵和无机盐类。其主要特点是氮、硫和磷含量高,在厌氧细菌作用下易产生恶臭。

工业废水

是指工业生产过程中产生的废水、污水和废液,其中含有随水流失的工业生产用料、中间产物和产品以及生产过程中产生的多种污染物。工业废水的一个显著特点是水质和水量会随着生产工艺和生产方式的不同而有所差别。如电力、矿山等部门的废水主要含无机污染物,而造纸和食品等工业部门的废水有机污染物含量很高。即使采用同一生产工序,生产过程中水质也会有很大变化,这些特点增加了废水净化的困难。

按污染物的种类分类

水污染根据污染物的种类不同可以分为物理性污染、化学性污染和生物性污染。

物理性污染

(1) 悬浮物质污染,指水中含有不溶性物质的污染,这些物质在水中会妨碍水中植物进行光合作用,同时减少氧气的溶入,引起水生生物的死亡,从而影响水体外观。悬浮物质主要包括

悬浮物质污染

塑料泡沫和固体物质等杂质。它们大都产生在采矿、建筑、采石、造纸、食品加工等行业，同时农村生活污水、垃圾和产生的废物排入水中或农田的水土流失也能够引起水的悬浮物质污染。

(2) 热污染，是指工业生产过程产生的冷却水，在不采取任何防护措施的情况下，直接排入水体，导致水体的温度升高，水中某些有毒物质毒性增加，从而危及水中生物生长和生存的现象。

(3) 放射性物质污染，主要指原子能工业、核试验、核电站、矿藏开发、医学研究或实验、特殊工业等领域的放射性物质污染水体的现象。

化学性污染

指由化学性物品进入水体而造成的水体污染。按照一定的标准又可分为耗氧有机物污染、植物性营养物污染、重金属污染、酸碱污染、石油污染和难降解有机物污染。

耗氧有机物污染主要由来自于人类的生活污水和某些行业的工业废水中含有的蛋白质、碳水化合物、脂肪和酚、醇等引起。这些物质可以在微生物的作用下进行分解，并且在分解过程中需要消耗水中大量的氧气，造成水体缺氧，影响其他水生生物的生存。

植物性营养物污染主要由含氮磷等植物所需要营养物的无机、有机化合物引起，如氨氮、硝酸盐、亚硝酸盐、磷酸盐等。这些污染物容易引起水中藻类及其他浮游生物的大量繁殖，形成富营养化。

重金属污染主要由镉、铬、汞、砷、铅等重金属元素引起，来源于采矿和冶炼过程、工业废弃物、制革废水、纺织厂废水、生活垃圾（如电池、化妆品）。这些重金属对人、畜有直接的生理毒性，一旦对水体造成污染，短时间内很难治理和恢复。

酸碱污染主要由酸、碱以及一些无机盐类组成的无机污染物质引起。酸和碱的存在首先会导致水体的 pH 发生波动，影响并妨碍水体正常自净能力的发挥，同时酸和碱不但会对船舶以及水下的金属设备或者建筑物造成腐蚀，还会使渔业资源造成重大损失。

石油污染

石油污染是指石油开采、运输、装卸、加工和使用过程中，由于泄漏和排放石油引起的污染，主要发生在海洋。石油漂浮在海面上，迅速扩散形成油膜，可通过扩散、蒸发、溶解、乳化、光降解以及生物降解和吸收等进行迁移、转化。油类可沾附在鱼鳃上，使鱼窒息，抑制水鸟产卵和孵化，破坏其羽毛的不透水性，降低水产品质量。油膜的形成可阻碍水体的复氧作用，影响海洋浮游生物生长，破坏海洋生态平衡，此外还破坏海滨风景，影响海滨美学价值。难降解有机物污染主要由有机农药、芳香烃、多环芳烃等引起。在现阶段，这些有毒物质主要来自于人工合成，它们的共同特点是具有很稳定的化学性质，生物基本上很难将它们分解。

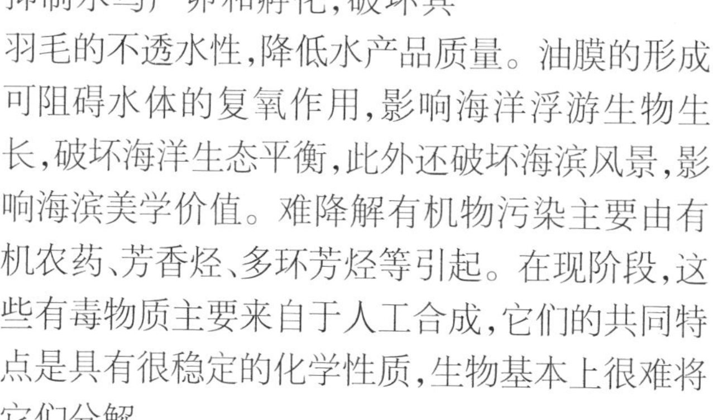

生物性污染

一般是指水体携带着一定量病原微生物的污染。在中国,现阶段生物性污染主要来自医院污水的排放和某些涉及生物技术行业的废水排放。需要注意的是,生物性污染其实无处不在。人体内含有的病原细菌通过人体排泄途径最后进入水体,通过水的流动性进行传播,进而危害他人和牲畜,达到周而复始的传播。

水污染的危害

威胁人体健康

生活污水、医院排出的废水、畜禽饲养场污水、屠宰业污水等常含有病毒、病菌、寄生虫等各种病原体。水体一旦遭受污染并与人体接触后,即有可能导致水媒型传染病的爆发。

人类饮用了重金属污染物、有机污染物严重超标的水后可引起中毒,严重损害人体健康。如铅中毒可引起胃疼、头痛、颤抖、神经性烦躁,在最严重的情况下可能人事不省,直至死亡。铅对肾脏的毒性主要表现为肾小管损伤,出现蛋白尿、血尿,严重时表现为氮质血症、高尿酸血症和肾小球硬化。除此之外,铅还有致癌、致畸及致突变作用。砷在体内的毒作用主要是与细胞中的酶系统结合,使许多酶的生物作用受到抑制失去活性,造成代谢障碍。砷慢性中毒主要表现为末梢神经炎和神经衰弱症候群的症状,皮肤色素高度沉着和皮肤高度角化、发生龟裂性溃疡是砷中毒的另一个特点;急性砷中毒主要表现为剧烈腹痛、腹泻、恶心、呕吐,抢救不及时可造成死亡。环境中的农药,可通过消化道、呼吸道进入人体。有机磷农药是造成人体急性或慢性中毒的主要污染物,有机磷农药是一种神经毒剂,它抑制体内胆碱酯酶,造成乙酰胆碱聚积,导致神经功能紊乱,有机氯农药还可以对人体或动物的内分泌系统、免疫功能、生殖机能等造成广泛的不良影响。

限制农业发展

农业生产需要足够的水量,对水质也有一定的要求。一些水污染物蓄积在土壤中,使土壤中的微生物活动受抑制,进而恶化土壤的理化性质,破坏土壤的团粒结构,易导致作物苗期枯萎死亡、生长期长势弱、早衰(早熟)或籽粒不够饱满,降低产量,影响农作物的生长发育。同时,污水灌溉使得大量有害物质在农产品中积累,造成残留超标,严重影响农产品质量。各种酸性污水还会腐蚀农机具,缩短机械使用寿命。

危害工业生产

水污染给工业发展带来的影响是明显的:食品、餐饮、纺织等工业需要利用水作为原料进行加工生产,水质污染直接影响产品的质量;水质下降造成水处理费用增大、原材料以及能耗增加,增加生产成本;工业冷却水,如锅炉中的循环水,由于水中的硬度、碱度、硫酸盐过高,造成系统结垢、堵塞、腐蚀,严重影响工业生产的正常运行和仪器的使用寿命。

破坏生态环境

自然界中生物与生物、生物与环境之间在物质和能量上维持着一种动态的平衡。当污染物质排放到水体中后,有害物质对一些水生生物构成直接的毒害,而一些耐污的水生生物大量繁殖。同时有机污染造成水体的富营养化,水中的生化需氧量剧增,溶解氧含量降低,大量生物因缺氧而死亡,使水生生态系统平衡遭到破坏。

重金属污染

痛痛病

20 世纪初期,日本富士县的人们发现该地区的水稻普遍生长不良。1931 年又出现了一种怪病,患者大多是妇女,病症表现为腰、手、脚等关节疼痛。病症持续几年后,患者全身各部位会发生神经痛、骨痛现象,行动困难,甚至呼吸都会带来难以忍受

痛痛病

的痛苦。到了患病后期，患者骨骼软化、萎缩，四肢弯曲，脊柱变形，骨质松脆，就连咳嗽都能引起骨折。患者不能进食，疼痛无比，常常大叫“痛死了！”“痛死了！”有的人因无法忍受痛苦而自杀。这种病由此得名为“骨癌病”或“痛痛病”。截至1968年5月，共确诊患者258例，其中死亡128例，到1977年12月又死亡79例。痛痛病在当地流行20多年，造成200多人死亡。

经调查分析，痛痛病的起因是河岸的锌、铅冶炼厂等排放的含镉废水污染了水体，使稻米含镉。而当地居民长期饮用受镉污染的河水，以及食用含镉稻米，致使镉在体内蓄积而中毒致病。

镉是一种毒性较大的重金属元素，它的物理、化学性质使它取代钙离子与体内的负离子结合，导致骨骼中因镉的含量增加而脱钙，造成严重的骨骼疏松。它首先使肾脏受损，继而引起骨软化症，是在妊娠授乳、内分泌失调、老年化和钙不足等诱因作用下形成的疾病。

痛痛病至今尚无特效的治疗方法，而且体内积蓄的镉也没有安全有效的排除方法。从而“痛痛病”被定为日本第一号公害病，也是世界八大公害事件之一。因此，消除镉对环境的污染就显得特别重要，这是防止痛痛病发生的根本措施。

什么是重金属污染

重金属是指比重大于5的金属，约有45种，包括铅(Pb)、镉(Cd)、汞(Hg)、铬(Cr)、铜(Cu)、锌(Zn)、镍(Ni)等。砷(As)虽不属于重金属，但因其来源以及危害都与重金属相似，故通常列入重金属类进行研究讨论。

重金属污染指由重金属或其化合物造成的环境污染，主要由采矿、废气排放、污水灌溉和使用重金属超标制品等人为因素所致。因人类活动导致环境中的重金属含量增加，超出正常范围，直接危害人体健康，并导致环境质量恶化。其危害程度取决于重金属在环境、食品和生物体中存在的浓度和化学形态。重金属污染主要表现在水污染中，还有一部分是在大气和固体废物中。

重金属污染的特点

难降解

重金属污染与其他有机化合物的污染不同，不少有机化合物可以通过自然界本身物理的、化学的或生物的净化，使有害性降低或解除；而重金属具有富集性，很难在环境中降解。

易积累

重金属具有富集性，如随废水排出的重金属，即使浓度小，也可在藻类和底泥中积累，被鱼和贝类体表吸附，产生食物链浓缩，从而造成公害。

毒性大

重金属在人体内能和蛋白质及各种酶发生强烈的相互作用，使它们失去活性，也可能在人体的某些器官中富集，如果超过人体所能耐受的限度，会造成人体急性中毒、亚急性中毒、慢性中毒等，对人体会造成很大的危害。此外，水体中金属有利或有害不仅取决于金属的种类、理化性质，而且还取决于金属的浓度及存在的价态和形态，即使有益的金属元素浓度超过某一数值也会有剧烈的毒性，使动植物中毒，甚至死亡。

重金属污染的主要危害

● 对土壤环境的危害 ●

土壤重金属污染在一定时期内没有表现出对环境的危害性，当其含量超过土壤承受力或限度，或土壤环境条件发生变化时，重金属有可能突然活化，引起严重的生态危害，被称为“化学定时炸弹”。

通常情况下，重金属首先危害土壤微生物，不适应重金属环境的微生物数量会剧烈降低，甚至灭绝，适应重金属环境的微生物存活下来，并逐渐成为土壤优势菌。

重金属对农作物也有很强的毒害作用，其影响在于：一方面，重金属能破坏植物的一些组织和功能，从而降低植物的产量和品质，如土壤镉含量过高会破坏植物叶片的叶绿素结构并最终导致植物衰亡；另一方面，重金属经食物链在植物体内富集。研究表明，随着表层土壤镉污染的加重，水稻籽粒中的镉含量也会逐步提高。

据估计，人体中的重金属镉70%来自于食品中的蔬菜，而蔬菜作物及其可食用部分中积累的镉主要来源于菜园土壤，部分来自灌溉水。

除此之外，土壤中的重金属还会经由雨水淋滤及地表径流作用转移进入地表水系统，进而通过地表水和地下水的交互作用污染地下水体，对饮用水安全构成威胁。

● 对水环境的危害 ●

重金属污染已成为水环境面临的重要污染问题之一，重金属元素毒性大、难降解，进入水体之后可以直接通过饮用水或生活用水作用于人体，也能为水生动植物富集吸收，进入食物链而危害人畜安全。重金属对水生动物也有很强的毒害作用，短暂的暴露在高浓度的重金属溶液中的鱼类会产生应激反应，使鱼体的免疫能力降低。

水俣病事件

日本水俣病事件是世界八大公害事件之一。水俣病事件源于含甲基汞的工业废水污染水体，使水俣湾和不知火海的鱼中毒，人食用毒鱼后受害。症状表现为轻者口齿不清、步履蹒跚、面部痴呆、手足麻痹、感觉障碍、视觉丧失、震颤、手足变形，重者精神失常，或酣睡，或兴奋，身体弯弓高叫，直至死亡。1972年日本环境厅公布：水俣湾和新县阿贺野川下游有汞中毒者283人，其中60人死亡。

从1949年起，位于日本熊本县水俣镇的日本氮肥公司开始

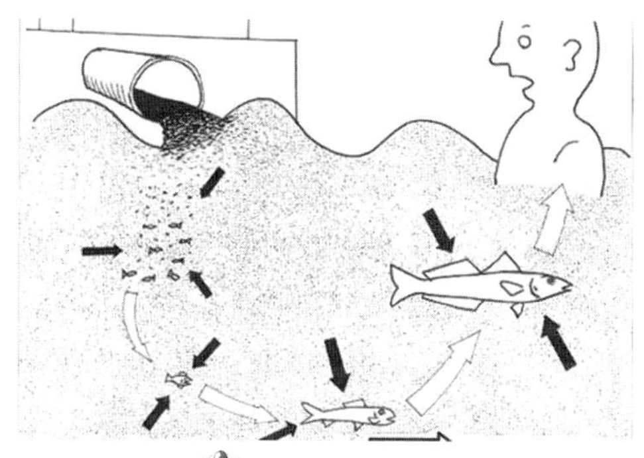
汞进入人体的途径

制造氯乙烯和醋酸乙烯。由于制造过程要使用含汞(Hg)的催化剂,大量的汞便随着工厂未经处理的废水被排放到了水俣湾。汞,即水银,是我们常用的温度表里显示多少度的银白色金属,它是一种剧毒的重金属,具有较强的挥发性。汞对于生物的毒性不仅取决于它的浓度,而且与汞的化学形态以及生物本身的特征有密切关系。一般认为,汞是通过海洋生物体表(皮肤和鳃)的渗透或摄含汞的食物进入体内的。

在1956年确认日本氮肥公司的排污为病源之后,日本政府毫无作为,以致该公司肆无忌惮地继续排污12年,直到1968年为止。后来,46名受害者联合向日本最高法院起诉日本政府在水俣病事件中的无作为,并在2004年获得胜诉。法院判决认为日本政府应当对未能及时做出决定而导致水俣病伤害范围扩大而承担行政责任。

日本工业在第二次世界大战后飞速发展,但由于没有环境保护措施,工业污染和各种公害病泛滥成灾。经济虽然得到发展,但环境破坏和贻害无穷的公害病使日本政府和相关企业付出了极其昂贵的代价。

《水俣公约》

近年来,因对汞的危害有了深刻的认识,国际社会开始积极限制汞的排放与使用。2009年召开的联合国环境规划署理事会会议上,各国同意启动政府间谈判,制定一项具有法律约束力的国际条约,以降低各种来源的汞排放。会议经过艰难磋商,最终于2013年通过了有关限制和减少汞排放的《水俣公约》,并在日本进行了签署。包括中国在内的87个国家和地区的代表共同签署公约，标志着全球携手减少汞污染迈出了第一步。

POPs——持久性有机污染物

斯德哥尔摩公约

为了推动 POPs 的淘汰和削减、保护人类健康和环境免受 POPs 的危害，在联合国环境规划署（UNEP）主持下，2001 年 5 月 23 日包括中国政府在内的 92 个国家、地区和区域经济一体化组织签署了斯德哥尔摩公约，其全称是《关于持久性有机污染物的斯德哥尔摩公约》，又称 POPs 公约。该公约规定的 12 种 POPs 包括：艾氏剂（Aldrin）（有机氯农药）、狄氏剂（Dieldrin）（有机氯农药）、异狄氏剂（Endrin）（有机氯农药）、滴滴涕（DDT）（有机氯农药，也用作农药中间体）、氯丹（Chlordane）（有机氯农药）、毒杀芬（Toxaphene）（有机氯农药）、六氯苯（Hexachlobenzene）（有机氯农药，也用作精细化工产品）、灭蚁灵（Mirex）（有机氯农药）、七氯（Heptachlor）（有机氯农药）、多氯联苯（PCBs）（精细化工产品）、二噁英和呋喃类（PCDDs/PCDFs）（非故意制造的副产品或者二次污染物质）。

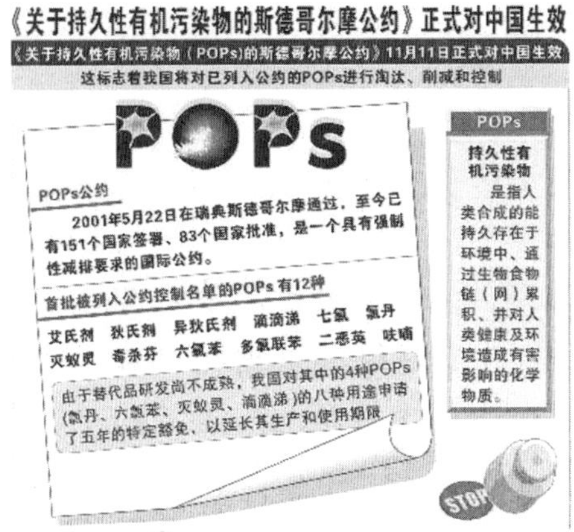

中国对POPs的管理

国务院批准了《中国履行斯德哥尔摩公约国家实施计划》（以下简称《国家实施计划》），为落实《国家实施计划》要求，2009 年 4 月 16 日，环境保护部会同国家发展改革委等 10 个相关管理部门联合发布公告（2009 年 23 号），决定自 2009 年 5 月 17 日起，禁止在中国境内生产、流通、使用和进出口滴滴涕、氯丹、灭蚁灵及六氯苯（滴滴涕用于可接受用途除外），兑现了中国关于 2009 年 5 月停止特定豁免用途、全面淘汰杀虫剂 POPs 的履约承诺。

什么是 POPs

持久性有机污染物(Persistent Organic Pollutants,简称 POPs),指的是持久存在于环境中,具有长期残留性、生物蓄积性、半挥发性和高毒性,对人类健康和环境具有严重危害的天然或人工合成的有机污染物质。

POPs 的性质

高毒性

POPs 物质在低浓度时也会对生物体造成伤害,如二噁英类物质中最毒者的毒性相当于氰化钾的 1000 倍以上,号称是世界上最毒的化合物之一。POPs 物质还具有生物放大效应,POPs 也可以通过生物链逐渐积聚成高浓度,从而造成更大的危害。

持久性

POPs 物质具有抗光解性、化学分解和生物降解性,如二噁英系列物质在气相中的半衰期为 8~400 天,水相中为 166 天到 2119 年,在土壤和沉积物中约 17 年到 273 年。

积聚性

POPs 具有高亲油性和高憎水性,其能在活的生物体的脂肪组织中进行生物积累,可通过食物链危害人类健康。

流动性大

POPs 可以通过风和水流传播到很远的距离。

POPs 与《寂静的春天》

《寂静的春天》是一本引发了全世界环境保护事业的书,书中描述人类可能将面临一个没有鸟、蜜蜂和蝴蝶的世界。作者是美国海洋生物学家蕾切尔·卡逊,该书于 1962 年出版。正是这本不寻常的书,在世界范围内引起人们对野生动物的关注,唤起了人们的环境意识,这本书同时引发了公众对环境问题的注意,促使环境保护问题提到了各国政府面前,各种环境保护组织纷纷成立,从而促使联合国于 1972 年 6 月 12 日在斯德哥尔摩召开了“人类环境大会”,并由各国签署了“人类环境宣言”,开始了环境保护事业。

中国的环境保护事业也是从停止沙城农药厂的 DDT 生产开始的,而后全面禁止了 DDT 的生产和使用。

POPs物质一般是半挥发性物质，在室温下就能挥发进入大气层。因此，它们能从水体或土壤中以蒸气形式进入大气环境或者附着在大气颗粒物上，由于其具持久性，所以能在大气环境中远距离迁移而不会全部被降解，但半挥发性又使得它们不会永久停留在大气层中，它们会在一定条件下又沉降下来，然后又在某些条件下挥发。这样的挥发和沉降重复多次就可以导致POPs分散到地球上各个地方。因此，这种性质使POPs容易从比较暖和的地方迁移到比较冷的地方，像北极圈这种远离污染源的地方都发现了POPs污染。

POPs的危害

POPs通过各种途径进入环境后，就会对生态环境造成危害和破坏。如通过生物蓄积作用，POPs使水生动物如鱼的体内含量达到相当高的程度，甚至造成鱼类死亡，而一些食肉的鸟类如鹰等捕食了被POPs污染的鱼后，鱼体内所携带的POPs如DDT就会转移到鸟的体内，鸟类只能靠改变它正常的代谢方式来代谢体内蓄积的大量DDT。当原本用于调节钙代谢的化合物移作他用时，就不再参与产卵过程。结果造成鸟蛋壳厚度变薄，鸟类成活率急剧下降。

POPs对人类的影响，除了由于事故误用和直接接触外，主要是通过食物链来实现的，其次是通过呼吸和皮肤接触进入人体体内，前者导致的健康问题大部分是急性中毒，而后者导致慢性中毒，并带有一定的隐蔽性，难以引起人们的重视。通常，POPs首先被植物、海洋微生物及昆虫所吸收，然后以上生物又被食物链高端生物捕食，这些POPs随其在食物链中的循环，最终会污染了鱼、肉及乳制品。这些受到POPs污染的食品被人类食用后，POPs就会富集于人体脂肪纤维中，并且可通过胎盘和哺乳传染给婴儿。实验室和环境影响研究表明，POPs可造成人的神经行为失常、内分泌紊乱、生殖系统和免疫系统的破坏、发育异常以及癌症和肿瘤的增加。最新研究表明，这些污染物可能对儿童有严重的影响，能造成婴儿和儿童免疫功能的降低和感染的增加、大脑发育异常、神经功能的损坏以及癌症和肿瘤的增加等。

尽管大多数的 POPs 已被停止生产和使用，但是世界上已很难找到没有 POPs 存在的净土了，相应地几乎人人体内都有或多或少种类、或高或低含量的 POPs。

“被催熟的孩子”——内分泌干扰物

吃得太好易诱发“性早熟”

几年前，“奶粉疑致性早熟”事件闹得沸沸扬扬，事实上，2 岁以下孩子出现假性性早熟已不罕见。上海儿童医学中心在门诊中发现，10 个性早熟患儿中就有一两个 2 岁以下婴儿。除了遗传因素外，食品中含有大量激素、添加剂，对儿童大量进补各种营养，以及偏好流行快餐食品等，都会让孩子提早“启动”第二性征的发育。

内分泌干扰物引起孩子“性早熟”

性早熟发生的原因非常复杂，一般认为是遗传因素与生活环境因素的相互作用。对于性早熟的孩子来说，自身特殊的遗传基因是引发早熟的内因，但目前环境中存在的内分泌干扰物质是不可忽视的外因。研究表明，在全球范围内，这种内分泌干扰物对儿童的正常发育造成了广泛的影响。

营养过剩等多种原因也会诱发性早熟。上海儿童医学中心肥胖—内分泌联合门诊中，一些肥胖儿童偏爱含糖饮料，顿顿都要油炸食物，餐餐都大鱼大肉，在这样的饮食结构中，食品添加成分更是复杂。

一般来说，容易引发孩子性早熟的食物可分为以下四类：

早熟动物：目前城市居民消费的动物蛋白中很多含有各种添加剂，鸡、鸭、鹅等“早熟”就是各种激素、添加剂的“功劳”。而那些出现“性早熟”的儿童，往往是喜欢吃鸡、海鲜等含有激素的食品。

被催熟的水果：有些家长让孩子在冬天吃草莓、葡萄，春天吃西瓜、桃，还喜欢挑选颜色特别鲜艳、个头特别大的水果。这些貌似美丽的水果，很可能已被施加催熟剂或防腐剂。

快餐食品尤其是“洋快餐”：过高的热量会在儿童体内转变成多余的脂肪，引发内分泌紊乱。

蜂王浆等保健品：很多孩子“性早熟”可能是由于补锌过量造成的，因为锌是生理上的性激动剂，盲目服用极易造成孩子性发育提前。牛初乳、蜂王浆、人参等补品，也能让儿童“性早熟”。很多父母甚至把燕窝、虫草等补品一气塞给儿童，这也极可能导致“性早熟”。

什么是内分泌干扰物

“内分泌扰乱性化学物质”最初由美国1996年出版的《Our Stolen Future》提出。日本1997年出版的《掠夺未来》一书介绍了这类化学污染物的情况，书中引用了1991年国际会议发表的报告“合成化学物质对野生生物及人类的影响”，提出了内分泌干扰(endocrine disrupting, ED)物质的概念。

美国环保局对这类化学物质影响内分泌系统的具体过程描述为：对生物的正常行为及生殖、发育相关的正常激素的合成、贮存、分泌、体内输送、结合及清除等过程产生妨碍作用。

内分泌干扰物的危害

对生殖系统及生育的影响

对男性的影响：环境雌激素对男性生殖系统影响最大，主要表现为男性雌性化，引起各种形式的雄性生殖系统发展障碍，精子数目减少乃至无精，睾丸肿瘤，性欲降低和不育症。

对女性的影响：影响女性生殖系统的环境内分泌干扰物主要也是环境雌激素。具体表现为女孩青春期提前，子宫内膜异位发病率增加，月经周期改变等。

致畸：人体妊娠时接触固醇样化学品对子代产生有害效应，如服用保胎素的妇女，其子代生殖器癌症发病率无论男女均有增加。

● 引发恶性肿瘤 ●

可引起乳腺癌、前列腺癌、睾丸癌、卵巢癌、甲状腺癌、副睾丸囊肿、阴道腺癌、精巢癌等。1976 年意大利 Seceso 某工厂事故导致 PCBs 污染，数十年后进行受污染人群流行病学调查发现，污染与消化道癌、淋巴癌、粒细胞白血病等癌症的发生有密切关系，相对危险高达 6.6 倍。

● 影响神经系统 ●

表现在神经系统的发育迟滞和行为改变，如阿尔茨海默病。神经系统和内分泌系统一样是生物体内主要调节系统，它们之间具有密切的联系，神经系统也是内分泌干扰物作用的靶位点。神经内分泌混乱是由多种机制引起的，内分泌干扰物与内分泌腺体的直接作用会改变激素环境，从而影响神经系统导致神经中毒。内分泌干扰物（如神经内分泌干扰物）可以先作用于中枢神经系统，然后影响内分泌系统。在神经系统的发育阶段，男性激素受化学物质影响后，生殖行为就会发生异常。许多研究表明动物和人群暴露于内分泌干扰物会影响其行为、学习和记忆、注意力、感觉功能、心理发育。

● 影响免疫系统 ●

导致免疫系统功能改变，表现在降低及抑制免疫能力，加速自身免疫性病变的发生和引起胸腺萎缩。近年来过敏性和自身免疫性疾病大大增加，流行病学和实验动物研究已经证明,这与环境污染有密切关系。目前所得到的初步结论是环境污染物扰乱了内分泌系统,从而影响了免疫系统的功能。内分泌系统与免疫系统有双向联系。几乎所有免疫细胞上都有不同的内分泌激素受体,免疫系统也可反馈作用于内分泌系统。

● 心血管系统 ●

表现为慢性缺血性心脏病、高血压、慢性风湿性心脏病。

污水处理技术

钟虫——水质检测员

钟虫是原生动物门寡膜纲缘毛目钟虫科的通称,因体形如倒置的钟而得名。它的柄分叉呈树枝状、每根枝的末端挂了钟形的虫体。无论是单个的或是群体的种类,在废水生物处理厂的曝气池和滤池中生长十分丰富,能促进活性污泥的凝絮作用,并能大量捕食游离细菌而使出水澄清。因此,它们是监测废水处理效果和预报出水质量的指示生物。

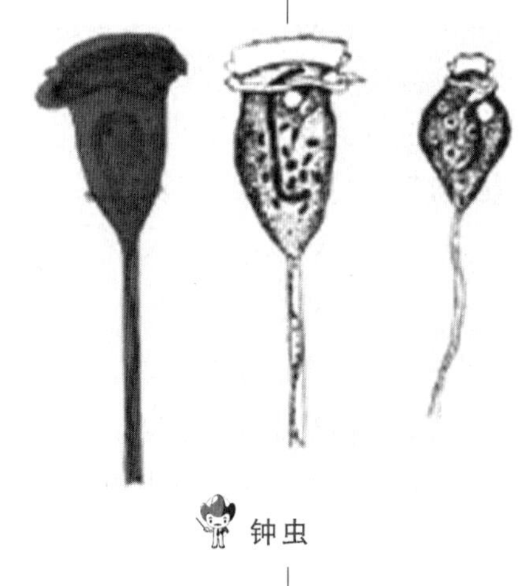

钟虫

钟虫钟口盘状口区周围有一肿胀的镶边,其内缘着生三圈反时针旋转的纤毛。口盘与镶边均能向内收缩。口自镶边内缘斜入体内,有一振动的波动膜。身体反口面的顶端有一长柄,用以附着他物,内有肌束,当虫体收缩时,也可螺旋状卷曲。钟虫一般产于淡水中,它在水中上下垂直游动,以水中的细菌为食,呼吸大气。

钟虫作为水质监测员,在污水处理中具有很大的作用,比如,若发现钟虫的柄脱落,表明水中存在有毒物质或其他条件如温度、pH 等的不适宜。若钟虫细胞前端出现气泡,运动迟缓,说明水中充氧不足,或溶氧过高、过低,水质将变坏。反之则表明溶解氧情况适中良好。

污水处理技术的分类

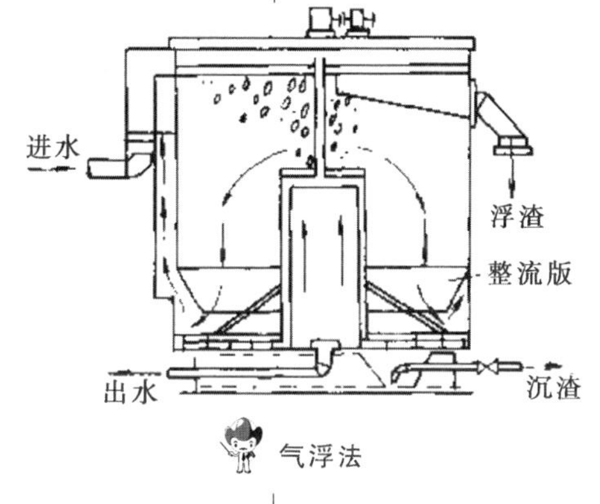

气浮法

污水处理按照其作用可分为物理法、生物法和化学法三种。

物理法

主要利用物理作用分离污水中的非溶解性物质,在处理过程中不改变化学性质。常用的有重力分离、离心分离、反渗透、气浮等。物理法处理构筑物较简单、经济,用于村镇水体容量大、自净能力强、污水处理程度要求不高的情况。

生物法

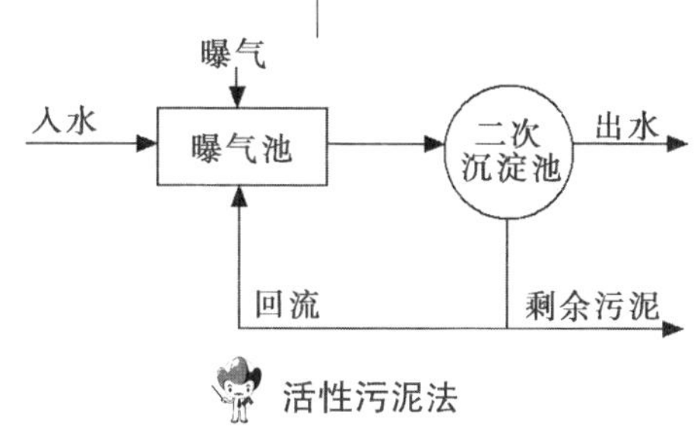

活性污泥法

利用微生物的新陈代谢功能,将污水中呈溶解或胶体状态的有机物分解氧化为稳定的无机物质,使污水得到净化。常用的有活性污泥法和生物膜法。生物法处理程度比物理法要高。

化学法

是利用化学反应作用来处理或回收污水的溶解物质或胶体物质的方法,多用于工业废水。

常用的有混凝法、中和法、氧化还原法、离子交换法等。化学处理法处理效果好,但费用较高。

节水与水回用

缺水的故事

甘肃省秦安县四户乡刘庄村双目失明的周四喜,他只记得小时候母亲为他擦过一次澡,打那以后没再洗过澡。县送水服务队来到这个村,周老汉叫双腿残疾的妻子领着,挑着水桶去村口迎接。听到哗啦啦的流水声,老人不住地流泪。他对记者说:“政府好啊,给我们村送了水。唉!可惜我看不见政府啊。”

这里的院落一般有三间屋子,屋顶一律是单面斜顶,为的是使瓦面上的雨水能全部落到院里,然后,顺着斜坡地面流到院角那眼水窖里。这单面斜顶,这倾斜的院场,就像一双双干枯的手掌。世世代代,年复一年地向老天爷伸着,乞求苍天开恩降雨。

蓝天下,延绵的沙丘一望无际。宁夏回族自治区池县高沙窝乡魏压子村的村民,赶着毛驴,到几公里以外的沙窝子里取水,因为风大,吹得沙子满天跑,往往去取水还有路,回来就找不着路了,行走极为困难。干旱把男人们几乎都赶到外地打工去了,妇女们支撑着全部的生活——照顾老人,管教孩子,耕作田地,家庭养殖,外出找水。可以说,她们是缺水造

找水的妇女

成的全部恶果的最直接、最艰辛的承受者。她们还必须精确地使用每一滴水,否则便“巧妇难为无‘水’之炊了”。

许多地方实在找不着水,只好在干涸的河床上挖坑,也不管那水是苦是咸,全村几百口人就在这样的坑中一点一点地舀水。许多地方打回来的是黄泥水。

由于缺水,西北旱区农家的习俗跟外面的世界大不一样。比如家中来了客人,主人一般是用馍招待,除非认为你是一位尊贵的客人,才有幸被敬上一小杯水,客人多了,也就没这个待遇了。农家有女初长成,嫁到何处最放心?用陕西的一些方言说:“一看女婿僚不僚(僚就是好,出色的意思),二看有没有大水窖。”以对方家庭是否有水窖作为择偶的主要标准之一,这在中国其他地方则没有。

中国是一个缺水的国家,在日常生活中,我们一拧开水龙头,水就源源不断地流出来,丝毫感觉不到水的危机。但事实上,我们赖以生存的水,正日益短缺。目前,全世界还有超过10亿的人口用不上清洁的水,因此,人类每年有310万人因饮用不洁水患病而死亡。

节水

节水的原因

水是生命之源,人类的生存需要水,我们的生活和经济社会系统运转都离不开水。地球上的水是不断循环和变化的。但它并非取之不尽、用之不竭,而是最为

缺水之困

宝贵和不可替代的自然资源。从太空来看,地球似乎是一个“水球”。因为地球表面71%的面积被水覆盖,总水量为13.68亿立方千米。但其中绝大部分是海水,约占总水量的96.5%。分布在陆地的淡水水量大约只有0.48亿立方千米,约占总水量的3.5%。因此,地球上可用的淡水资源极为匮乏。

中国人均水资源量是2173立方米,仅为世界人均水平的1/4。在缺水的同时,由于经济发展和人口的增加,用水量在不断增加,污水的排放量也在增加。大多数人已不同程度觉察到,生活的自然环境不断发生着变化,一些生态系统的退化问题触目惊心。中国许多地方面临着“无水皆干”“有水皆污”以及“湿地退化、河道断流、地下水超采、入海水量减少”等严峻水问题的挑战,因此,节约用水刻不容缓。

生活节水窍门

生活中,我们每个人都可以通过使用一些节水小窍门来帮助国家解决水资源短缺的问题。

- 淘米水洗菜,再用清水清洗,不仅节约了水,还有效地清除了蔬菜上的残存农药。
- 洗衣水洗拖把,再冲厕所,第二道清洗衣物的洗衣水擦门窗及家具、洗鞋袜等。
- 大、小便后冲洗厕所,尽量不开大水管冲洗,而充分利用使用过的“脏水”(脏水可以专门找个桶储存,洗衣服之后的水都可以用来冲厕所)。
- 夏天给室内外地面洒水降温,尽量不用清水,而用洗衣之后的洗衣水。
- 自行车、家用小轿车清洁时,不用水冲,改用湿布擦,太脏的地方,也宜用洗衣物过后的余水冲洗。
- 使用节水型抽水马桶,每次可节水4~5千克。
- 家庭浇花,宜用淘米水、茶水、洗衣水等。
- 家庭洗涤毛巾、瓜果等少量用水,宜用盆盛水而不宜开水龙头放水冲洗。

● 用拖把擦洗地板，比用水龙头冲洗每次每户可节水 200 千克以上。

● 水龙头使用时间长有漏水现象，可用装青霉素的小药瓶的橡胶盖剪一个与原来一样的垫圈放进去，可以保证滴水不漏。

● 将卫生间里水箱的浮球向下调整 2 厘米，每次冲洗可节省水近 3 千克；按家庭每天使用四次算，一年可节水 4380 千克。

● 洗菜一盆一盆地洗，不要开着水龙头冲，一餐饭可节省 50 千克。

● 淋浴时如果关掉龙头擦香皂，洗一次澡可节水 60 千克。

● 用洗衣盆手洗衣服则每次洗衣比开着水龙头节省水 200 千克。

● 用洗衣机洗衣服时建议满桶再洗，若分开两次洗，则多耗水 120 千克。

水回用

将废水或污水经二级处理和深度处理后回用于生产系统或生活杂用被称为污水回用。污水回用既可以有效地节约和利用有限的淡水资源，又可以减少污水或废水的排放量，减轻水环境的污染，还可以缓解城市排水管道的超负荷现象，具有明显的社会效益、环境效益和经济效益。

水回用设备

基本原理

尽管污水处理技术很多，但

其基本原理主要包括分离、转化和利用。分离是指采用各种技术方法，把污水中的悬浮物或胶体微粒分离出来，从而使污水得到净化，或者使污水中污染物减少至最低限度。转化是指对已经溶解在水中、无法“取”出来或者不需要“取”出来的污染物，采用生物化学、化学或电化学的方法，使水中溶解的污染物转化成无害的物质，或者转化成容易分离的物质。总之，污水处理应使水中污染物朝有利于治理的方向发展。

回用水用途

污水处理后可应用于农业、工业、建筑、地下水回灌、景观、娱乐、河流生态维持等方面，不同的用途对污水处理有不同的要求。

农业用水

农业用水是城市污水回用的大用户，主要包括大田作物、花卉和林地的灌溉。污水回用于农田灌溉时，不仅能给农业生产提供稳定的水源，而且污水中的氮、磷、钾等成分也为土壤提供了肥力，既减少了化肥用量，又增加了农作物产量，而且通过土壤的自净能力可使污水得到进一步的净化，尤其污水回用可限制农村地区无节制地超采地下水。但如果污水水质不能满足要求，则会破坏土壤结构，使农药以及重金属在作物和土壤中积累，降低农产品质量及产量。回用污水中污染物的限度要以作物种类及生长阶段以及水文地质条件等为依据，其水质必须符合《农业灌溉水质标准》。

污水灌溉是有风险的，由于对污水处理程度不够或长期灌溉风险估计不足，我国的污水灌溉已有很多经验教训，20 世纪 80 年代中期，对北京某污灌区进行的抽样调查表明，大约 60% 的土壤和 36% 的糙米存在污染问题。

环境用水

主要用于城市水系补充用水以及绿化隔离带和园林灌溉用水。

一个城市没有水就没有灵气。用中水补充河湖水系，替代其他水源一举两得，既达到优水优用、节约用水的目的，又美化了环境。

工业用水

面对淡水日缺、水价上涨的严峻现实，工业企业除了尽力将本厂废水循环利用以提高水的重复利用率外，对城市污水回用也日渐重视。工业用水根据用途的不同，对水质的要求差异很大，水质要求越高，水处理的费用就越高。理想的回用对象应是冷却用水和工艺低质用水（洗涤、冲灰、除尘、直冷等）。当考虑某项工艺是否可以利用回收的污水时，必须满足需要的水质，并要计算回用污水及其处理的费用，以求最大的经济效益。

市政杂项用水

主要用于建筑施工、喷洒路面、洗车和冲厕等。据测算，北京200多万辆小轿车如果都用中水洗车，每天能节省近1.3万户居民一个月的生活用水。中水是污水处理厂经过过滤、沉淀、加氯等工序净化而成的达标排放水，使用范围仅限于非人体接触领域。中水回用时应格外注意卫生，以免危害人们的身体健康。此外，中水中不应含有致病菌，应清洁、无臭、无毒，且悬浮物含量满足应用要求。

地下水回灌

近几十年来由于持续干旱造成地下水过度开采，北京已形成了超过2500km^{2}的漏斗区，严重地影响了地面生态系统和地下水吸取水层的安全。将城市污水二级处理后回灌于地下，水在流经一定距离后同原地下水源一起作为新的水源开发。这样既可以阻止因过量开采地下水而造成的地面沉降，还能利用土壤自净作用提高回水水质，直接向工业和生活杂用水供水。污水回灌地下水对水质要求很高，回灌前须经生物处理（包括硝化与脱氮），还必须有效去除有毒有机物与重金属，一旦回灌水质达不到要求，将会对地下水含水层造成污染。

 第四部分　其他环境问题篇 

土壤与土壤污染

什么是土壤

土壤，是矿物和有机物的混合组成部分，存在着固体，气体和液体状态。疏松的土壤微粒组合起来，形成充满间隙的土壤的形式。这些孔隙中含有溶解溶液（液体）和空气（气体）。

在19世纪末，俄国土壤学家道库恰耶夫（V. V. Dokuchaisv）从土壤发生学的观点，认为土壤的性质是气候、生物、地形、母质和时间等成土因素综合作用的结果。土壤是发育于地球陆地表面具有一定肥力且能够生长植物的疏松表层（包括海、湖浅水区）。它是地球表面上的附着物，人力可以搬动土壤。

什么是土壤污染

土壤圈是地球表层系统最为活跃的圈层，是连接大气圈、水圈、岩石圈和生物圈的核心要素。人类消耗的80%的热量、75%以上的蛋白质及大部分纤维，都直接来源于土壤，它不但为植物与动物提供良好的生态环境，也为人类提供良好的生活环境。

土壤具有肥力、能够生长植物，其厚度一般在 2 米左右。土壤不但为植物生长提供机械支撑能力，并能为植物生长发育提供所需要的水、肥、气、热等肥力要素。

近年来，由于人口急剧增长，工业迅猛发展，固体废物不断向土壤表面堆放和倾倒，有害废水不断向土壤中渗透，大气中的有害气体及飘尘也不断随雨水降落在土壤中，导致了土壤污染。凡是妨碍土壤正常功能，降低作物产量和质量，还通过粮食、蔬菜、水果等间接影响人体健康的物质，都叫作土壤污染物。

土壤污染物的来源广、种类多，大致可分为无机污染物和有机污染物两大类。无机污染物主要包括酸、碱、重金属（铜、汞、铬、镉、镍、铅等）盐类、放射性元素铯、锶的化合物、含砷、硒、氟的化合物等。有机污染物主要包括有机农药、酚类、氰化物、石油、合成洗涤剂、3，4-苯并以及由城市污水、污泥及厩肥带来的有害微生物等。

当土壤中含有害物质过多，超过土壤的自净能力，就会引起土壤的组成、结构和功能发生变化，微生物活动受到抑制，有害物质或其分解产物在土壤中逐渐积累，通过“土壤→植物→人体”，或通过“土壤→水→人体”间接被人体吸收，达到危害人体健康的程度，就是土壤污染。

土壤污染带来的危害

土壤污染具有累积性，污染物容易在土壤中不断累积。另外，土壤性质差异较大，而且污染物在土壤中迁移慢，导致污染物分布不均匀，空间变异性较大。由于重金属难以降解，其对土壤的污染基本上是一个不可完全逆转的过程。另外，土壤中的许多有机污染物也需要较长时间才能降解。

土壤污染首先影响农产品的产量和品质。土壤污染会影响作物生长，造成减产；农作物可能会吸收和富集某种污染物，影响农产品质量，给农业生产带来巨大的经济损失；长期食用受污染的农产品可能严重危害身体健康。

不仅如此，土壤污染危害人居环境安全，威胁生态环境安全。如果住宅、商业、工业等建设用地存在土壤污染，可能通过经口摄入、呼吸吸入和皮肤接触等多种方式危害人体健康。土壤污染还可能进入地表水、地下水和大气环境，影响其他环境介质，可能会对饮用水源造成污染。

土壤污染的治理

对土壤污染的治理，首先要减少农药使用。同时还要采取防治措施，如针对土壤污染物的种类，种植有较强吸收力的植物，降低有毒物质的含量（例如羊齿类铁角蕨属的植物能吸收土壤中的重金属）；或通过生物降解净化土壤（例如蚯蚓能降解农药、富集重金属等）；或施加抑制剂改变污染物质在土壤中的迁移转化方向，减少作物的吸收（例如施用石灰），提高土壤的 pH，促使镉、汞、铜、锌等形成氢氧化物沉淀。此外，还可以通过增施有机肥、改变耕作制度、换土、深翻等手段，治理土壤污染。

在治理土壤污染这一问题上，中国已制定了一些法律、法规和规章，内容涵盖了农业环境保护、防治土地污染等方面，应该说这些法律政策对改善中国的土壤污染状况是发挥了一定作用的。但是，也必须看到《环境保护法》《农业法》《土地管理法》等现行法律法规提供的只是有关土壤污染防治的零散规定，中国在土壤污染防治方面并没有制定专门性的单行法律。因此，可以说中国在土壤污染防治上的法律是缺乏系统性与可操作性的，甚至可以说这方面的立法基本上是一片空白。

垃圾分类处理

你把垃圾扔对了吗？

分类回收的垃圾桶一般会被制作成五种颜色，分别是红色、绿色、蓝色、灰色和黄色，不同的颜色有着不同的含义和使用场合。

红色：代表有害物质，有时也用橙色标示，有害物质包括废电池、荧光灯管、油漆、过期药品、化妆品等不可回收且带有一定污染危害的物质。

不同颜色的垃圾桶

绿色：在多种塑料垃圾桶组合的情况下，绿色代表厨余垃圾，厨余垃圾可以作为植物养分的肥料使用，土壤掩埋后可被大自然微生物和植物分解吸收，起到废物再利用的作用。

蓝色：代表可回收再利用垃圾，包括塑料、纸类、金属等有利用价值的物质，这些物质将被纳入废品回收系统，作资源再生处置使用。

灰色：除了有害物质与可回收物质以外的垃圾，这类物质一般会被焚烧或掩埋。

黄色：代表医疗废物专用垃圾桶，一般只用于医院、卫生站等医疗场所。

可见，垃圾分类也是一门学问，平时你把垃圾扔对了吗？

什么是垃圾分类

垃圾分类，指按一定规定或标准将垃圾分类储存、分类投放和分类搬运，从而转变成公共资源的一系列活动的总称。分类的目的是提高垃圾的资源价值和经济价值，力争物尽其用。

垃圾分类处理的意义

在一些垃圾管理较好的地区，大部分垃圾会得到卫生填埋、焚烧、堆肥等无害化处理。而更多地方的垃圾则常常被简易堆放或填埋，导致臭气肆虐，污染土壤和地下水。经过高温焚化后的垃圾虽然不会占用大量的土地，但成本惊人。垃圾无害化处理的费用是非常高的，根据处理方式的不同，处理一吨垃圾的费用约为一百至几百元人民币不等。人们大量地消耗资源，大规模生产,大量地消费,又大量地产生着废弃物。

解决这个问题的办法就是垃圾分类。垃圾分类回收可以减少垃圾处理量和处理设备,降低处理成本,减少土地资源的消耗,具有社会、经济、生态三方面的效益。垃圾分类处理的优点如下:

① 减少占地,生活垃圾中有些物质不易降解,使土地受到严重侵蚀。垃圾分类,去掉能回收的、不易降解的物质,能减少垃圾数量达60%以上。

② 减少环境污染,废弃的电池中含有金属汞、镉等有毒的物质,会对人类产生严重的危害;土壤中的废塑料会导致农作物减产;抛弃的废塑料被动物误食,会导致动物死亡。

③ 变废为宝,中国每年使用塑料快餐盒达40亿个,方便面碗5亿~7亿个,一次性筷子数十亿支,这些占生活垃圾8%~15%。1吨废塑料可回炼600公斤柴油;回收1500吨废纸,可免于砍伐用于生产1200吨纸的林木;1吨易拉罐熔化后能结成1吨很好的铝块,可少采20吨铝矿。生产垃圾中有30%~40%可以回收利用,应珍惜这个小本大利的资源。

垃圾分类目录

可回收,主要包括废纸、塑料、玻璃、金属和布料五大类

废纸:主要包括报纸、期刊、图书、各种包装纸等。要注意的是,纸巾和厕所纸由于水溶性太强不可回收。

塑料:各种塑料袋、塑料泡沫、塑料包装、一次性塑料餐盒餐具、硬塑料、塑料牙刷、塑料杯子、矿泉水瓶等。

玻璃:主要包括各种玻璃瓶、碎玻璃片、镜子、暖瓶等。

金属物:主要包括易拉罐、罐头盒等。

布料:主要包括废弃衣服、桌布、洗脸巾、书包、鞋等。

不可回收

餐厨垃圾:包括剩菜剩饭、骨头、菜根菜叶、果皮等食品类废物。经生物技术就地处理堆肥,每吨可生产0.6~0.7吨有机肥料。

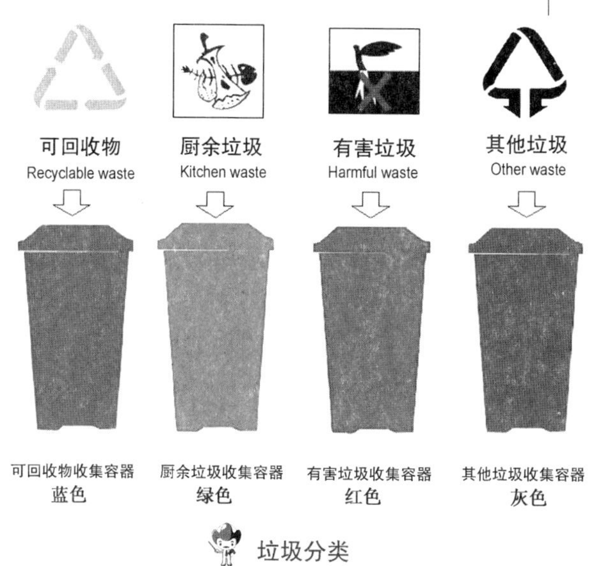

垃圾分类

其他垃圾:包括除上述几类垃圾之外的砖瓦陶瓷、渣土、卫生间废纸、纸巾等难以回收的废弃物。采取卫生填埋可有效减少对地下水、地表水、土壤及空气的污染。

事实上,大棒骨因为“难腐蚀”被列入“其他垃圾”。玉米核、坚果壳、果核、鸡骨等则是餐厨垃圾。

餐厨垃圾装袋:常用的塑料袋,即使是可以降解的也远比餐厨垃圾更难腐蚀。此外塑料袋本身是可回收垃圾。正确做法应该是将餐厨垃圾倒入垃圾桶,塑料袋另扔进“可回收垃圾”桶。

在垃圾分类中,尘土属于“其他垃圾”,但残枝落叶属于“厨房垃圾”,包括家里开败的鲜花等。

有毒有害垃圾

指含有对人体健康有害的重金属、有毒的物质或者对环境造成现实危害或者潜在危害的废弃物,包括电池、荧光灯管、灯泡、水银温度计、油漆桶、部分家电、过期药品、过期化妆品等。这些垃圾一般使用单独回收或填埋处理。

可回收物
Recyclable

不可回收物
Unrecyclable

有害垃圾
Harmful waste

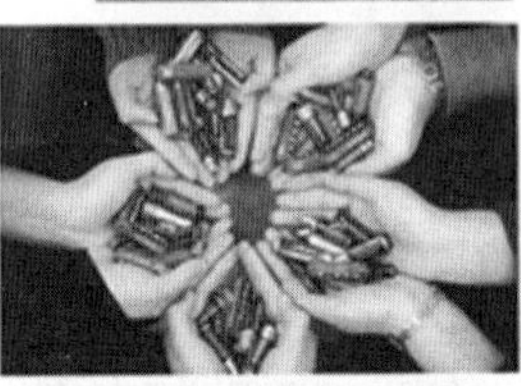

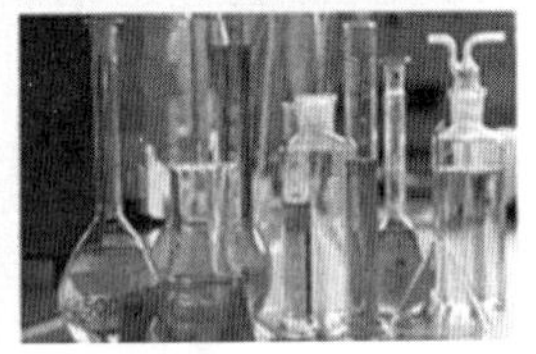

可回收物、不可回收物和有害垃圾

工业废物

什么是工业废物

工业废物,即工业固体废弃物,是指工矿企业在生产活动过程中排放出来的各种废渣、粉尘及其他废物等,如化学工业的酸碱污泥、食品工业的活性炭渣、纤维工业的动植物的纤维屑、硅酸盐工业的砖瓦碎块等。这种固体废物,数量庞大,成分复杂,种类繁多。随着工业生产的发展,工业废物数量日益增加。其消极堆放,占用土地,污染土壤、水源和大气,影响作物生长,危害人体健康。但如经过适当的工艺处理,则可成为工业原料或能源。工业固体废物较废水、废气更易实现资源化。

工业废物的分类

冶金废渣:指在各种金属冶炼过程中或冶炼后排出的所有残渣废物,如高炉矿渣、钢渣、各种有色金属渣、铁合金渣、化铁炉渣以及各种粉尘、污泥等。

采矿废渣:在各种矿石、煤的开采过程中,产生的矿渣的数量极其庞大,包括的范围很广,有矿山的剥离废石、掘进废石、煤矸石、选矿废石、选洗废渣、各种尾矿等。

燃料废渣:燃料燃烧后所产生的废物,主要有煤渣、烟道灰、煤粉渣、页岩灰等。

化工废渣:化学工业生产中排出的工业废渣,主要包括硫酸矿烧渣、电石渣、碱渣、煤气炉渣、磷渣、汞渣、铬渣、盐泥、污泥、硼渣、废塑料以及橡胶碎屑等。在工业固体废物中,还包括玻璃废渣、陶瓷废渣、造纸废渣和建筑废材等。

工业废物的危害

● 污染土地 ●

工业废物产生以后须占地堆放,堆积量越大,占地越多。废物堆置,其中的有害组分容易污染土地。当污染土壤中的病原微生物与其他有害物质随天然降水,径流或渗流进入水体后就可能进一步危害人的健康。工业固体废物还会破坏土壤内的生态平衡。土壤是许多细菌、真菌等微生物聚集的场所。工业固体废物特别是有害固体废物,能杀灭土壤中的微生物,使土壤丧失腐解能力,导致草木不生。

污染水体

大量工业固体废物排放到江、河、湖、海会造成淤积,从而阻塞河道、侵蚀农田、危害水利工程。有毒有害固体废物进入水体,会使一定的水域成为生物死区。另外,工业废物与水(雨水、地表水)接触,废物中的有毒有害成分必然被浸滤出来,从而使水体发生酸化、碱化、富营养化、矿化、悬浮物增加甚至毒化等变化,危害生物和人体健康。

污染大气

工业废物对大气的污染表现为三个方面:废物的细粒被风吹起,增加了大气中的粉尘含量,加重了大气的尘污染;生产过程中由于除尘效率低,使大量粉尘直接从排气筒排放到大气环境中,污染大气;堆放的固体废物中的有害成分由于挥发及化学反应等,产生有毒气体,导致大气的污染。

工业废物的处理

工业废物的处理遵循“三化”原则。

减量化

指通过适宜的手段减少固体废物的数量和容积。主要有两条途径:一是通过改革工艺、产品设计或改变社会消耗结构和废物发生机制来减少固体废物发生量;二是通过固体废物处理如压缩、加热或冷却等处理来减容。

无害化

指固体废物通过工程处理,达到不损害人体健康、不污染周围自然环境的目的。

资源化

指通过各种方法从固体废物中回收有用组分和能源,目的是减少资源消耗,加速资源循环,保护环境。综合利用固体废物,可以收到良好的经济效益和环境效益。

几种常见工业废物的处理方式

尾矿

选矿中有用目标组分含量最低的部分称为尾矿,尾矿是有待挖潜的宝藏。目前,国内外对尾矿的利用有以下几种途径:对尾矿有用组分进行综合回收利用;用作矿山地下开采采空区的充填料;作为建筑材料的原料,制作水泥、硅酸盐尾砂砖、瓦、加气混凝土、铸石、耐火材料、玻璃、陶粒、混凝土集料、微晶玻璃、溶渣花砖、泡沫玻璃和泡沫材料等;修筑公路、路面材料、防滑材料、海岸造田等。

粉煤灰

粉煤灰,是从煤燃烧后的烟气中收捕下来的细灰,粉煤灰是燃煤电厂排出的主要工业废物。粉煤灰是中国当前排量较大的工业废渣之一,随着电力工业的发展,燃煤电厂的粉煤灰排放量逐年增加。大量的粉煤灰不加以处理,就会产生扬尘,污染大气。若排入水系会造成河流淤塞,而其中的有毒化学物质还会

粉煤灰

对人体和生物造成危害。

目前，粉煤灰主要用来生产粉煤灰水泥、粉煤灰砖、粉煤灰硅酸盐砌块、粉煤灰加气混凝土及其他建筑材料，还可用作农业肥料和土壤改良剂，回收工业原料和作环境材料。

矿渣

矿渣

矿石经过选矿或冶炼后的残余物称为矿渣。在工业生产中，矿渣发挥重要的作用，尤其是一些大型工厂。利用矿渣提炼加工为矿渣水泥、矿渣微粉、矿渣粉、矿渣硅酸盐水泥、矿渣棉、高炉矿渣、粒化高炉矿渣粉、铜矿渣、矿渣立磨，不仅解决了污染问题，还节约了能耗。此外，高炉矿渣还可作为铸石、微晶玻璃、肥料、搪瓷、陶瓷等的原料。

危险废物

电池有多毒？

1939 年 11 月 9 日，日本神奈川县某脑科医院收留了一名神志不清的男子。这名男子发病初期时只是原因不明的面部浮肿，3 天后浮肿蔓延至脚部，第 8 天开始自言自语，不断哭泣，后发展为神志不清，人们都认为他“疯了”。最终，这名男子在极度痛苦中，因心力衰竭死亡。无独有偶，此后，与死者同村居住的人中又接二连三地出现了 15 名同样症状的“疯子”。这引起了医学研究人员的注意。经过神奈川县卫生研究所的调查和尸体解剖，断定这些“疯子”都死于重金属中毒。这便是震惊世界的日本神奈川废电池事件。

事发后，日本有关部门对这一事件进行了详细的调查，发现死者生前都饮用了某商店周围三口水井中的水。其中饮用1号水井的8个人全部发病。在对水井进行调查时，令人震惊的是竟然在距1号井5米内的地方挖出了380节已腐烂的废电池！追根溯源，最后弄清原因是该商店在卖出新电池后，把顾客丢下的废电池集中埋在了后院，致使周围井水污染，从而导致了这场悲剧。

废电池

电池是日常生活中常见的危险废物，它含有大量的重金属——锰（Mn）、铅（Pb）、汞（Hg）等，这些重金属可以水解。如果废电池被弃置在土壤中，就会慢慢被腐蚀，其中的重金属会慢慢溢出，污染土壤和水源，再通过食物链，危害人体健康。

随着生活中电器制品的普及和增加，电池的消费量也在不断地增长着。目前中国年产干电池40多亿只，耗锌（Zn）6万吨，二氧化锰（MnO_2）9.65万吨，氯化氨（NH_4Cl）3.6万吨，氯化锌（$ZnCl_2$）1.25万吨，乙炔（C_2H_2）1.3万吨，碳棒2万吨，铜（Cu）帽1200吨。全国年电池消耗量为30亿只，因无回收损失铜740吨，锌1.6万吨，锰粉9.7万吨。

电池是易耗品，可以说是生产多少、就必然废弃多少，如果不进行分类回收，必将是集中生产、分散污染，短期使用、长期污染。目前，世界上很多国家都把电池作为危险废物，单独回收处理。一些国家的商店还做出购买新电池时须交回废旧电池的规定。中国的一些有识之士已在进行电池回收，但目前还没有建立起一种稳定、可靠、切实可行的废电池回收处理系统。

什么是危险废物

危险废物又称为“有害废物”。根据《中华人民共和国固体废物污染防治法》的规定，危险废物是指列入国家危险废物名录或者根据国家规定的危险废物鉴别标准和鉴别方法认定的具有危险特性的废物。

根据《国家危险废物名录》的定义，危险废物为具有下列情形之一的固体废物和液态废物：

- 具有腐蚀性、毒性、易燃性、反应性或者感染性等一种或者几种危险特性的；
- 不排除具有危险特性，可能对环境或者人体健康造成有害影响，需要按照危险废物进行管理的。

危险废物标志

危险废物的危害

破坏生态环境

随意排放、贮存的危险废物在雨水、地下水的长期渗透、扩散作用下，会污染水体和土壤，降低地区的环境功能等级。

影响人类健康

危险废物通过摄入、吸入、皮肤吸收、眼接触而引起毒害，或引起燃烧、爆炸等危险性事件；长期危害包括重复接触导致的长期中毒、致癌、致畸、致变等。

制约可持续发展

危险废物不处理或不规范处理所带来的大气、水源、土壤等的污染也将会成为制约经济活动的瓶颈。

危险废物的来源

生活危险废物

人们在日常生活中产生的危险废物即为生活危险废物。生活危险废物产生于人们周围且存在于人们的生活环境中，对人体的健康和环境的威胁非常大。常见的生活危险废物有：喷雾剂、漂白粉、鞋油、过期药物、卫生间清洁剂、洗发水、指甲油去除剂、废旧手机、废旧电脑、废旧电视机显示屏、电池等。

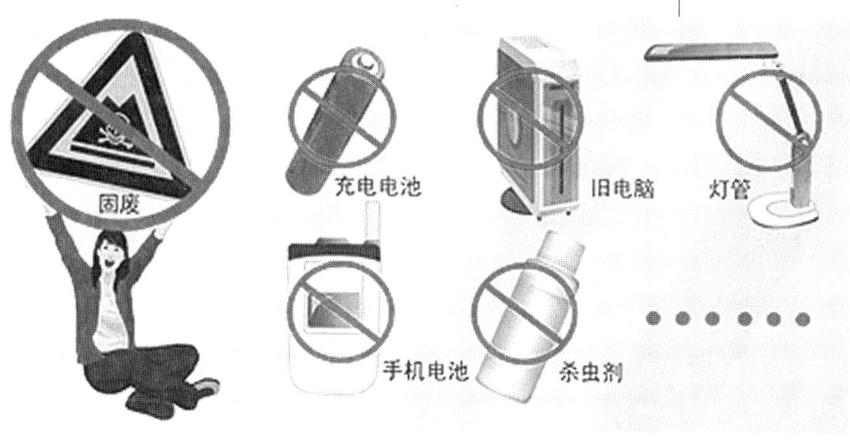

生活危险废物

工业危险废物

主要来源于工业生产。不同国家和地区的主要优势工业类型不尽相同，故其工业生产产生的危险废物的性质和数量的差别也比较大。中国工业危险废物的主要产业涉及 37 个不同的领域，产生量排名前 6 位的分别是化学原料及化学品制造业（占产生总量的 53.47%，下同）、有色金属矿采选业（占 13.49%）、有色金属冶炼及压延加工业(占 8.42%)、非金属矿采选业(占 6.09%)、石油加工炼焦及核染料加工业(占 4.6%)和黑色金属冶炼及压延加工业(占 2.49%)。

● 农业危险废物●

其主要产生于病虫害防治、消毒、除草、防虫等过程中,比如除草剂、杀虫剂等,这些物质在环境中的积累过程比较容易,但其分解过程却需要很长的时间。

● 其他危险废物●

主要来源于事业单位,比如医疗废物、实验室废物、报废的研制产品等。这类危险废物虽然产生量不大,但其种类繁多,处理方法迥异,危害性较大,带有大量的病菌或新型污染物,处理起来也比较困难。

危险废物的处理方法

● 物理处理●

物理处理是通过浓缩或相变化改变固体废物的结构,使之成为便于运输、贮存、利用或处置的形态,包括压实、破碎、分选、增稠、吸附、萃取等方法。

● 化学处理●

化学处理是采用化学方法破坏固体废物中的有害成分,从而达到无害化,或将其转变成为适于进一步处理、处置的形态。其目的在于改变处理物质的化学性质,从而减少它的危害性。这是危险废物最终处置前常用的预处理措施,其处理设备为常规的化工设备。

● 生物处理●

生物处理是利用微生物分解固体废物中可降解的有机物,

从而达到无害化或综合利用。生物处理方法包括好氧处理、厌氧处理和兼性厌氧处理。与化学处理方法相比,生物处理在经济上一般比较便宜,应用普遍,但处理过程所需时间长,处理效率不够稳定。

热处理

热处理是通过高温破坏和改变固体废物组成和结构,同时达到减容、无害化或综合利用的目的。其方法包括焚化、热解、湿式氧化以及焙烧、烧结等。热值较高或毒性较大的废物采用焚烧处理工艺进行无害化处理,并回收焚烧余热用于综合利用和物化处理,以减少处理成本和能源的浪费。

固化处理

固化处理是采用固化基材将废物固定或包覆,以降低其对环境的危害,是一种较安全的运输和处置危险废物的处理过程。

噪声污染

什么是噪声污染

从物理学的角度来看,噪声是指发声体做无规则振动时发出的声音;生理学上则认为,凡是干扰人们休息、学习和工作以及对你所要听的声音产生干扰的声音,即不需要的声音,统称为噪声。根据《中华人民共和国环境噪声污染防治法》,环境噪声是指在工业生产、建筑施工、交通运输和社会生活中所产生的干扰周围生活环境的声音;环境噪声污染,是指所产生的环境噪声超过国家规定的环境噪声排放标准,并干扰他人正常生活、工作和学习的现象。

对于声音,我们习惯上用分贝(dB)衡量其大小。非常安静的房间一般是 10 分贝,正常谈话的声音在 40 ~ 60 分贝之间,约 3 米外的真空吸尘器是 70 分贝,这也是美国环保署认定的人类能忍受(不产生听力损失、睡眠障碍、焦虑、学习障碍等)的最大噪音。“0分贝”并不代表“没有声音”,它只是一般认为人类能听到的最小声音而已,完全可能有比0分贝还弱的声音(比如4米外的一只蚊子),那就是负分贝了。

目前,噪声污染已经和大气污染、水污染以及固体废物污染一起被认为是当今社会的四大污染公害。但噪声与后者不同,一般情况下它并不致命,且与声源同时产生、同时消失,在声音过后无残余物质需要处理;噪声源分布很广,较难集中处理。

通常按照噪声的来源将其分为两大类,即自然现象引起的噪声和人为造成的噪声。自然噪声有火山爆发、地震、滑坡、雪崩等现象产生的巨大音响,还有大海潮汐声、风雷瀑布等发出的轰鸣声等,产生这些噪声的自然事物和现象都是自然污染源。

对人类生产生活影响更大的是人为噪声。人为噪声按其来源不同分为交通噪声、社会生活噪声、建筑施工噪声和工业噪声四种。交通噪声是由各种交通运输工具在行驶中产生的,如在地面行驶的载重汽车、摩托车等,空中航行的飞机,水面行驶的船只等,这些交通运输工具发出的喇叭声、汽笛声、刹车声、排气声等等。社会生活噪声也是经常发生的,如高音喇叭、电视机、厨房剁菜等产生的噪声,是左邻右舍互相干扰的主要噪声源,其他还有商业叫卖声、歌舞厅的噪声

等。建筑施工噪声来自建筑工地的各种施工机械，如破路机、打桩机等发出的声响，大多数工地离居民住宅较近，对附近居民的生活造成很大的干扰。工业噪声来自工厂中各种机械设备振动、摩擦、撞击以及气流扰动等发出的声音。

噪声的危害极大，它不仅会影响听力，而且还对人的心血管系统、神经系统、内分泌系统产生不利影响，所以有人称噪声为“致人死命的慢性毒药”。强噪声会对物质结构造成破坏，能造成机械疲劳，震裂墙壁，使自动化仪器失灵等等。实验证明，噪声对动物的听觉和内脏器官、中枢神经系统能够造成损伤，强烈的噪声会造成动物死亡。噪声也会使植物生长不良，产量下降，甚至死亡。噪声还会掩蔽安全信号，如报警信号和车辆行驶信号等，造成事故。

由于噪声渗透人们生产和生活的各个领域，且能够直接感受到它的干扰，不像物质污染那样只有产生后果才受到注意，所以噪声往往是受到抱怨和控告最多的环境污染。以广场舞音乐“噪声”为例，自2013年以来，因其所引发的纠纷不时见诸报端。为了驱散跳广场舞的人群，居民不惜泼粪、扔沙子、丢水袋、抛垃圾、放藏獒，甚至朝天鸣枪。

2013年12月16日9时，69岁的曾阿姨在四川绵阳人民公园邓稼先广场被来历不明的数颗钢珠击中，正好在太阳穴的位置。一会儿，老太头部红肿，不得不送医院救治。广场周边探测头一时监控不到子弹的来源，但在广场的周边发现了好几颗钢珠。据其他常年在广场上跳舞的市民猜测，此事可能是周边居民不满噪声而采取的报复行为。

诸如此类的纠纷还有很多，温州市新国光住户就不惜花26万元买高音炮，开启定向强声扩音系统对抗“广场高分贝”。住户作为广场舞噪音的受害方，其心情可以理解，但不提倡采用“以噪制噪”这种易于激化矛盾的方式。市民应该自觉地关小音量，同时周边受到骚扰的居民也不能做出过激的行为，遇到类似事件应该以沟通的方式来解决。

噪声污染的防控

噪声音源控制

要减少噪声,首先可考虑从噪声源入手,并应选择较宁静的操作和技术。在香港,车辆的噪声受法例管制,登记时必须符合国际认可的噪声标准。此外,道路表面如铺上吸音物料,亦可减低马路与车辆轮胎所产生的噪声。使用会产生噪声的产品,亦应受法例管制。手提撞击式破碎机及空气压缩机,这类高噪声产品必须符合国际噪声标准,使用时必须持有"绿色噪声标识"。使用较新、较宁静的技术,比使用传统的高噪声设备更能于施工时减低噪声的产生。

减少噪声的传送

减低噪声的方法之一是把噪声源和噪声感应强的地方分隔开。然而,在高楼密集的城市,单单靠距离来降低繁忙高速公路的噪声,在实际的情况下并非切实可行。较常见的方法是采用额外的减音措施,例如以天然景物、能耐噪声的构筑物(如停车场、商业楼宇或装有隔音设备的办公大楼)、专设平台、隔音屏障或隔音罩来阻隔噪声。此外诸如妥善规划土地用途,以免繁忙高速公路穿越住宅或太接近噪音感应强的地方;以能耐噪声楼宇隔开噪声感应强的地方,以及混合采用各种减音措施,通常也可在设计阶段预防噪声问题。在规划阶段,也可考虑如另类运输模式,例如铁路、行人通道、单车径、地下通道等其他可预防或减低噪声的方法。

保护受噪声影响者

将受噪声影响的地方,如睡房和书房等安排到背对噪声源一边,能将噪声的影响减低。安装适当的窗户固然能减低噪声,应用于住宅楼宇上却会导致住户不能享受"窗户开放"的环境,故此,隔音窗户通常被视为最后的补救措施。

世界卫生组织在积极控制噪声污染方面的报告中表示，该组织将积极协调有关减少噪声污染的国际性研究项目，支持发展中国家的治理噪声计划，制定和完善有关噪声的测量标准，鼓励有关噪声对环境和健康影响的研究，进一步加强有关噪声污染的宣传，让全社会重视噪声污染的危害，减少噪声污染对人体健康的影响。

电磁辐射污染

什么是电磁辐射污染

当电磁辐射强度超过人体所能承受的或是仪器设备所能允许的限度时就构成电磁辐射污染。通常，电磁辐射污染是人类使用产生电磁辐射的器具泄漏的电磁能量流传播到社区的室内外空气中，其量超出本底值，且其性质、频率、强度和持续时间等综合影响而引起该区居民人或众多人的不适感，并使健康和福利受到恶劣影响。

电磁辐射污染的来源

随着现代电磁技术的广泛应用和城市化进程的加快，各种频率电磁波的交互作用使城市空域、公共建筑甚至包括居民住宅在内的各类场所的人为电磁显著增加。电磁场、电磁波弥漫在人类赖以生存的空间环境中，形成了现代社会所特有的电磁辐射污染。这种看不见、摸不着的电磁辐射污染正日益危害着人们的健康，被称为“隐形杀手”。

电磁辐射虽然看不见、摸不着，却无处不有、无处不在。天然辐射源主要包括：

- 来自银河系的电磁骚扰，如宇宙天体向地球发射 X 射线、γ 射线等；
- 来自太阳系的电磁骚扰，太阳是人类受到的最大天然辐射源，太阳黑子爆发可引发太空风暴、强辐射流和极光等，会对现有的 GPS 全球定位系统、互联网通信设施和其他基础设施构成一定的冲击；

- 来自大气层的电磁骚扰，如雷电、地震和火山爆发等产生的电磁辐射，以及地球花岗岩等矿物质放出 γ 射线等形成的地磁辐射；
- 热噪声，如地球热辐射和人体热辐射等。

人为辐射源主要包括：

- 高压电力系统与电力电子系统；
- 电牵引系统；
- 内燃机点火系统；
- 工科医疗（射频）设备；
- 广播、电视信号发射与接收设备；
- 家用电器、电动工具和办公用电子电气设备等；
- 信息技术设备；
- 通讯、广播、定位等大功率设备等；
- 核电磁脉冲；
- 静电放电等。

在此，我们着重强调其中两类电磁辐射污染，即宇宙背景辐射和核辐射。宇宙背景辐射是来自宇宙空间背景上的各向同性或者黑体形式和各向异性的微波辐射，也称为微波背景辐射。

核辐射是指在原子的核反应过程中如裂变、衰变释放出的不同能量粒子和电磁辐射，其作用于物质可引起电离和激发，由此产生生物学效应，因此属于电离辐射，最主要的核辐射有粒子、日粒子、射线和中子等。

电磁辐射污染的危害

电磁辐射生物效应主要是热效应、非热效应。

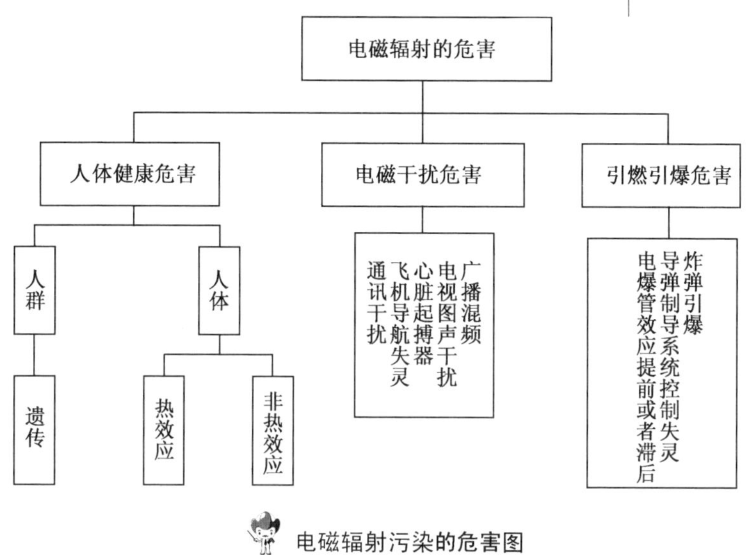

电磁辐射污染的危害图

热效应

人体70%以上的物质是水，水分子受到电磁波辐射后相互摩擦，引起机体升温，从而影响体内组织器官的正常工作。

非热效应

人体的器官和组织都存在微弱的电磁场，它们是稳定和有序的，一旦受到外界电磁场的干扰，处于平衡状态的微弱电磁场即将遭到破坏，人体也会遭受损伤。多种频率电磁波特别是高频波和较强的电磁场作用人体的直接后果，是在不知不觉中导致人的精力和体力减退，容易产生白内障、白血病、心血管疾病、大脑机能障碍以及妇女流产和不孕等,甚至导致人类免疫机能的低下,从而引起癌症等病变。

对人体的危害:在一定强度电磁辐射环境下工作生活过久,电磁波的干扰,使人体组织内分子原有的电场发生变化,给组成脑细胞的各种生物分子以一定程度的破坏。人体如果长期暴露在超过安全的辐射剂量下,人体细胞就会被大面积杀伤或杀死。一些受到较强或较久电磁波辐射的人,已有了病态表现,主要反映在:心血管系统、神经系统、视觉系统、生殖系统。对装有心脏起搏器的患者处于高电磁辐射的环境中,还会影响心脏起搏器的正常使用。

其他危害:如产生严重的电磁干扰,破坏建筑物和电气设备;在长期存在电磁辐射的区域,如微波发射站所面向的山坡,会造成植物的大面积死亡。电磁辐射还可能泄露你的电脑机密,电磁波向外泄漏的途径有电脑本身、电源线、连接到电脑的电缆(包括网络电缆)和电脑的外围设备等。

电磁辐射污染的防治

严格执行国家规定的电磁辐射污染防治的政策法规是电磁辐射防护工作的前提。进一步完善城市电磁辐射管理的法律制度。为规范电磁辐射设施的辐射水平,提高电磁辐射环境监管能力,并为解决电磁纠纷提供标准数据支持,应加快出台统一的电磁辐射防护国家标准。

合理应用一些控制电磁辐射的技术措施是防治电磁辐射污染的必要条件。

电磁屏蔽技术:使用某种能抑制电磁辐射扩散的材料,将电磁场源与某环境隔离开来,使辐射能被限制在某一范围内,就达到了防治电磁辐射污染的目的。电磁屏蔽技术的应用之一就是对高频电磁场的屏蔽,而且在抗干扰辐射方面,屏蔽是最好的措施。

植物绿化:树木对电磁能量有吸收作用,在电磁场区,大面积种植树木，增加电波在媒介中的传播衰减，从而防止人体受电磁辐射的影响。

使用电磁辐射防护材料：在建筑、交通、包装、衣着等很多方面，避免使用增强电磁辐射的材料如金属材料，它会增强电磁辐射作用，因此要合理使用电磁辐射防护材料，利用其对电磁辐射的吸收或反射特性，可大大衰减电磁场场强。

为防止电磁辐射污染，人们主观上要提高自我保护意识，防患于未然。

在办公和家用电器的使用上，首先要购买合格产品；然后要注意它们的布局，不要集中摆放，并且要控制其与人体的距离，如电视机的距离应在 4 至 5 米，微波炉开启之后离开至少 1 米远；在使用时间上，为防止电磁干扰，尽量避免多种电器的同时使用。

对于生活和工作在高压线、变电站、电台、电视台、雷达站、电磁波发射塔附近的人员，经常使用电子仪器、医疗设备、办公自动化设备的人员，生活在现代电气自动化环境中的工作人员，装有心脏起搏器的患者，特别是生活在上述电磁环境中的孕妇、儿童、老人及病人，要特别注意电磁辐射污染的环境指数，如果室内环境电磁污染比较高，必须采取相应的防护措施，或请有关部门帮助解决。

在饮食上，应多食用富含维生素 A、C 和蛋白质的食物，如胡萝卜、西红柿、海带、动物肝脏等；也可常饮用绿茶或食用人参、五味子、蜂王浆、枸杞等保健品，以增强机体的抵抗力，提高器官组织的修复能力；一些电磁辐射的敏感人群更要加强防护，根据实际条件可以适当服用抗电磁辐射的保健药品，防止受到电磁辐射的污染。

光污染

什么是光污染

光污染，或称光害、噪光，是人类过度使用照明系统而产生的问题。广义地说,它是过量的光辐射,包括可见光、紫外与红外辐射对人体健康和人类生存环境造成的负面影响的总称。如玻璃幕墙的照射、反射和折射,建筑或构筑物的景观照明,道路与交通照明,广场或工地照明,广告标志照明和园林山水景观照明所产生的溢散光、天空光、眩光、反射光,对人体健康、交通运输、天文观察、动植物生长及生态环境产生的负面影响都称为光污染。

国际上一般将光污染分成三类。

白亮污染

当阳光照射强烈时,太阳光线照射到城市里的玻璃幕墙、釉面砖墙,抛光大理石和各种涂料等饰面产生强烈的反射光线,明显白亮、炫眼夺目。

彩光污染

舞厅、夜总会安装的黑光灯、旋转灯、荧光灯以及闪烁的彩色光源等。

人工白昼

又可称为“不夜城”,当夜幕降临后,商场、酒店上的广告灯、霓虹灯闪烁夺目,令人眼花缭乱,有些强光甚至直冲云霄,使得夜晚如同白天一样。

光污染属于物理性污染,其特点是光污染是局部的,会随距离的增加而迅速减弱;在环境中不存在残余物,光源消失,污染即消失。

光污染对人体的影响

由于光污染的危害具有隐蔽性,使人们容易忽视对它的防范。因此我们很有必要深层次揭露光污染的巨大危害,提请人们重视。光污染的危害与影响主要包括对人体、自然环境、交通、经济、能源等诸多方面。

● 可见光污染的危害 ●

环境中的可见光污染,能伤害人的眼睛的角膜和虹膜, 导致

白亮污染

彩光污染

人工白昼

势力下降，甚至双目失明。长期在可见光污染的环境里活动，还会使人感到头晕目眩，引起失眠、心悸，食欲不振。严重的可见光污染，还可能导致皮肤灼伤、烧伤。

紫外线污染的危害

适当数量的紫外线照射对人体有益，例如在适量的紫外线照射下，人体内的7-去氢胆固醇分子可以变为维生素D_3，促进骨骼钙化，防止发生佝偻病。适量的紫外线还能提高机体的抗菌能力，加速伤口愈合。但是，过量的紫外线照射会对人的眼睛造成损伤。长期暴露在紫外线里，易引发急性眼睛角膜炎，白内障，产生皮肤红斑、色素沉淀、角质增生。人体长时间处于黑光灯辐射下，会导致鼻子出血、牙齿脱落、白血病等危害。

红外线污染的危害

红外线是一种热辐射，其生物效应主要是热效应。短期、适量的红外线照射对人体有益。人体吸收红外线照射，能够使组织血管扩张、促进血液循环和组织细胞的再生，并有消炎、镇痛作用。但过量的红外线照射，会对人体造成伤害。过量的红外线辐射，可以对眼睛视网膜、角膜、虹膜产生伤害，引发白内障；皮肤出现灼痛、红斑，或者烧伤。

● 激光污染的危害 ●

激光的波谱成分主要是可见光，其次是紫外线和红外线。人的眼球晶状体的聚焦作用，可使激光光强度增大数万倍。激光集聚于感光细胞时，由于强烈的热效应，引起蛋白质不可逆的凝固变性，造成眼睛的永久失明。功率很大的激光辐射能进入人体的深层组织，对肌肉组织和神经系统造成严重伤害。

光污染对交通安全的影响

各种交通道路上的照明设施，以及高楼大厦的玻璃幕墙、商场、体育馆、饭店、旅馆、酒吧、文化娱乐场所的照明设备和广告霓虹灯发出的溢散光，都会严重影响车辆驾驶员的视线，影响行车安全。在夜间，司机们突然开启远视灯，会使迎面来车的司机眼前一片眩光，无法看清路面。一般情况下，瞬间的强光照射，会使眼睛短暂失明，持续时间大约会有几秒钟。然而，就是在这样短短的几秒钟里，一场车毁人亡的惨剧就可能发生了。此外，司机们突然开启远视灯，还会影响路边行人的安全。

光污染对动植物的影响

道路、街道两旁的树木、花卉、绿草，受到路灯的长时间照射，其生活的光周期会被打乱，从而影响到它们的正常生长和发育，甚至导致死亡。过量的光辐射，会改变动物的生活习性。环境中的光污染，还会使候鸟改变迁徙飞行方向，致使它们不能到达目的地。

光污染对天文观测的影响

天文观测依赖于夜间天空的亮度和被观测星体的亮度。夜空的亮度越低，就越有利于天文观测的进行。各种照明设备发出的光波，由于空气和大气中悬浮颗粒物的散射，使夜空的亮度增加，从而对天文观测产生不良影响。

光污染的其他不良影响

街道上的高楼大厦的玻璃幕墙的溢散光，侵入居民室内，可导致室内温度升高4℃～6℃，加速家用电器和家具的老化，缩短使用寿命。大气中的紫外线会引发大气污染物的光解反应，生成光化学烟雾，对大气环境造成严重的不良影响。

光污染的预防

● 加强城市规划和管理，改善工厂照明条件等，以减少光污染的来源。

● 对有红外线和紫外线污染的场所采取必要的安全防护措施。

● 采用个人防护措施，主要是戴防护眼镜和防护面罩。光污染的防护镜有反射型防护镜、吸收型防护镜、反射—吸收型防护镜、爆炸型防护镜、光化学反应型防护镜、光电型防护镜、变色微晶玻璃型防护镜等类型。

● 提高公众对光污染的环境保护意识，加强城市绿化，优化环境的背景色，减少城市的光污染及其危害。

● 政府应出台相应的法律法规和衡量标准规范，使深受光污染危害的人群在向有关部门投诉的时候不再觉得模棱两可，使光污染治理和管理更加有效。

第五部分　环境与发展篇

可持续发展

1992年6月3日至14日，在发展中国家巴西的里约热内卢召开了一次联合国大会。出席这次会议的有183个国家和地区，其中更有102个国家元首参加。这些国家中有发展中国家、发达国家，所有这些国家元首都热烈支持并共同签署了一份文件，即《里约热内卢环境与发展宣言》。这么多的国家元首在同一个问题上达成这么广泛一致的共识，在联合国历史上、在国际政治史上都是罕见的。这是一份什么样的文件呢？这份文件就是关于在环境问题日益严重的背景下，人类究竟该怎么发展的问题。正是在这份文件中，提出了可持续发展的概念。

工业革命以来，蒸汽机的发明促使冶金、采煤、机械制造飞速发展，大机器、大工厂生产取代了手工劳动，人类的生产效率得到空前提高。这一切使得人类征服和改造自然的能力大大增强，带来大量财富的同时，也带来的不可挽回的环境污染——过度消耗自然资源，大范围破坏生态环境，大量排放各种污染物，从20世纪30年代开始，比利时、美国、英国、日本等发达国家相继发生了比利时马斯河谷烟雾事件、美国洛杉矶光化学烟雾事件、英国伦敦烟雾事件、日本水俣病事件等八大公害。

日益严重的环境问题促使人类环境意识的觉醒，尤其是一批优秀的科学家，它们是人类环境运动的先驱。早在1962年，《寂静的春天》的出版就引发了人类对环境问题的广泛关注，“它为人类用现代科技手段破坏自己的生存环境发出了第一声警报”。《寂静的春天》以寓言开头向我们描绘了一个美丽村庄的突变，从陆地到海洋，从海洋到天空，全方位地揭示了化学农药的危害，开启了世界环境保护运动。美国前副总统阿尔·戈尔在该书的英文版引言中写道：“她(指蕾切尔·卡森，《寂静的春天》的作者)将我们带回到一个基本观念，这个观念在现代文明中已经丧失到了令人震惊的地步，这个观念就是：人类与大自然的融洽相处。”此后，罗马俱乐部的一批颇有成就的学者在1972年发表的研究报告《增长的极限》中指出了这样的危机：从工业革命开始到20世纪50年代，人类沿用的生产方式一直是大量消耗自然资源，所取得的巨大物质文明成就多以大自然遭掠夺为代价。如果人类现在的这种对大自然掠夺式的发展方式和大量消费资源能源的奢侈生活方式不改变的话，人类早晚有一天会走上绝路。

从《寂静的春天》到《增长的极限》，这些科学家中的佼佼者已经为人类做出了预言，我们必须认真反思，人与自然究竟要建立怎样的关系，才能在保障自身发展进步的同时，不让环境受到戕害？

在《寂静的春天》出版10年后，1972年6月5日，人类第一次专门为环境问题而举行的国际大会——斯德哥尔摩会议在瑞典召开，世界上133个国家和地区的1300多名代表出席了这次会议。会议通过了《联合国人类环境会议宣言》(简称《人类环境宣言》或《斯德哥尔摩宣言》)和《行动计划》，宣告了人类对环境的传统观念的终结，达成了“只有一个地球”“人类与环境是不可分割的共同体”的共识。这是人类环境保护史上的第一座里程碑。根据这次会议的精神，同年召开的联合国第27届大会把每年的6月5日定为“世界环境日”。

什么是可持续发展

1972年环境与发展大会取得了很大的成就，但是并没有阻止全球环境持续甚至加速恶化。因此，联合国在1983年成立了“世界环境与发展委员会”，重新审视环境问题，探索真正的解决方案。担任委员会主席的是后来出任挪威首相的布伦特兰夫人。在2004年英国报纸《金融时报》将她列为最近25年第4名最有影响的欧洲人，排在教皇约翰·保罗二世、米哈伊尔·戈尔巴乔夫和玛格丽特·撒切尔之后。其主要功绩就是领导世界环境与发展委员会提出了“可持续发展”的概念。

布伦特兰夫人

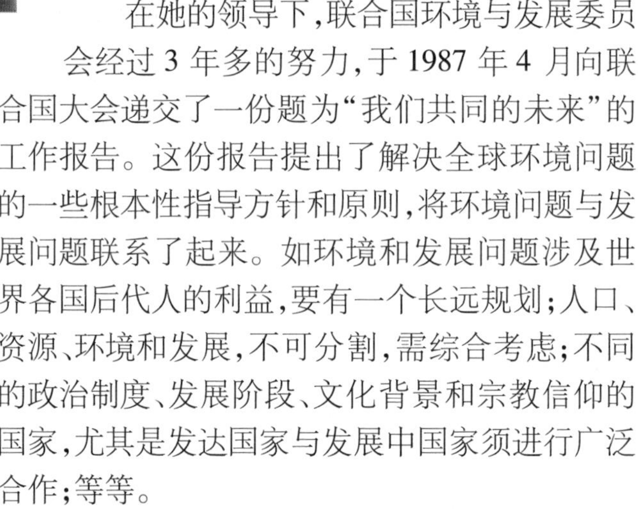

在她的领导下，联合国环境与发展委员会经过3年多的努力，于1987年4月向联合国大会递交了一份题为“我们共同的未来”的工作报告。这份报告提出了解决全球环境问题的一些根本性指导方针和原则，将环境问题与发展问题联系了起来。如环境和发展问题涉及世界各国后代人的利益，要有一个长远规划；人口、资源、环境和发展，不可分割，需综合考虑；不同的政治制度、发展阶段、文化背景和宗教信仰的国家，尤其是发达国家与发展中国家须进行广泛合作；等等。

可持续发展是人类对于发展的认识深化的重要标志。会议还通过了世界范围内的可持续发展行动计划——《21世纪议程》，它是前至21世纪在全球范围内各国政府、联合国组织、发展机构、非政府组织和独立团体在人类活动对环境产生影响的各个方面的综合的行动蓝图。

此后,人类关于可持续发展的国际会议每十年召开一次。2002 年 8 月 26 日至 9 月 4 日,可持续发展世界首脑会议在南非的约翰内斯堡召开,会议提出经济增长、社会进步和环境保护是可持续发展的三大支柱,经济增长和社会进步必须同环境保护、生态平衡相协调。2012 年 6 月 20 日至 22 日在巴西里约热内卢召开的联合国可持续发展大会,会议发起可持续发展目标讨论进程,提出绿色经济是实现可持续发展的重要手段。

可持续性要求在不损害子孙后代需求的前提下,让所有人都过上富裕的生活,就是指经济、社会、资源和环境保护协调发展,既要达到发展经济的目的,又要保护好人类赖以生存的大气、淡水、海洋、土地和森林等自然资源和环境,使子孙后代能够永续发展和安居乐业。可持续发展的核心是发展,但要求在保持资源和环境永续利用的前提下实现经济和社会的发展。我们都希望实现"小康社会",希望多数人都能过上富裕的生活,这种追求是正常的,但是,追求富裕是要付出代价的,其代价之一就是自然资源的消耗和环境负荷的增加。"可持续发展"就是呼吁人类必须要在这二者之间找到一个平衡点,绝对不能预支子孙后代的生存环境,来换取当代人的"美好生活"。

可持续发展,我们在行动

在全球范围内,人类要走以最有效利用资源和保护环境为基础的循环经济之路,以实现自然生态系统和社会经济系统的良性循环。在可持续发展的全球行动中,发达国家与发展中国家所承担的是"共同但有区别的责任"。从世界范围来看,对抗全球气候变化、减轻灾害风险、倡导性别平等,都是联合国所倡导的可持续发展行动。

例如,联合国环境规划署呼吁各国广泛发展"绿色农业",开展农业绿色革命,发展复合农林业、减少土地开垦、使用天然肥料等新型绿色农业技术,可以使全球农业到 2030 年实现碳中和的目标，并到 2050 年满足届时全世界约 90 亿人口的粮食需求。绿色农业能够高效率地利用土地，逐步减少资源消耗的同时，养活更多的人。

再例如，在全球应对气候变化的“战役”中，不仅召开国际会议、开展国际讨论、签署国际条约是必要的，我们每个人对“低碳生活”的提倡和实践也是非常重要的行动。低碳生活，是一种自然而然去节约身边各种资源的习惯。世界自然基金会（WWF）2007 年发起“地球一小时”活动，号召每年三月最后一个周六晚上八点半到九点半期间自愿关上不必要的电灯及耗电产品 1 小时，倡导节能减排行动，提高公众对采取气候变化行动的意识。2015 年 3 月 28 日是第 9 个“地球一小时”，主题是在中国当前最急迫、最受关注的环境议题——雾霾，发出“能见蔚蓝”的倡议，关注能源问题，致力推动可再生能源的主流应用。其实，很多低碳生活方式，都是大家可以做到的，比如购买节能家电（如带有绿色标志的产品），用完电器拔插头，自带购物袋、不使用一次性塑料袋，空调温度设置合理，只有在需要烧热水的时候才接通饮水机电源，冰箱内存放总容积 80% 的食物，等等。即使是再小的一分力量，都是对可持续发展的一种支持。

可再生资源

鲁尔区是德国工业的发祥地，素有德国工业“发动机”的美誉。20 世纪 60 年代前，鲁尔区的钢铁产量占德国的 70%，煤炭产量占 80% 以上，经济总量曾占到德国国内生产总值的 1/3，成为德国同时也是全欧洲最大的工业区。20 世纪 50 年代后，陆续出现的“煤炭危机”“钢铁销售危机”“石油危机”使其经济陷入困境。与经济一起跌入黑色谷底的还有这里的环境状况。濒临崩溃边缘的生态环境、产业转型的瓶颈与结构性的失业，将鲁尔区逼向一个生死存亡的关键点。那么，鲁尔区还能复兴吗？

德国政府意识到，挽救鲁尔并不是花多少巨资去挽留传统产业或重现过去“黑乡”繁荣的问题，如果不能在解决问题的同时为鲁尔区建立继续拥有竞争力的机制，这里仍会遭到淘汰。他们相信，未来将是一个绿色竞争的世纪，而决战战场就在城市之间。鲁尔区的改造计划提出要将传统工业区景观改造为一个生态公园，恢复区内主要河道的生态功能，将过去的工业用地变为现代化科学园区、工商发展园区和服务产业园区。现在，废弃工厂和矿区变成了了解工业生产过程和生态保护的露天博物馆和休闲娱乐的生态公园，工业旅游已成为鲁尔区的新时尚和新产业。曾经是世界第二大的废瓦斯槽改造成了一座超炫的另类展览馆，艺术家们以能够在此展现创作为荣，每月能吸引约20万名观光客。

厂房起重架的高墙及煤渣堆被改造成阿尔卑斯山攀岩训练场，旧的炼钢厂冷却池变成潜水训练基地及水底救难训练场，原来废墟中的特殊植物群也被保留作为生态教室，甚至削掉一半铁皮的厂房也变成一个可掀式的露天音乐舞台，工业遗产旅游渐成时尚。

许多废弃的工业设施建成了工艺技术中心、现代科技园区和新的高技术企业基地等，新建的产业园区绿荫环抱，安静宜人，让企业人员感觉“在公园里上班”。

污土和废水的重新处理、景观公园的开发创造了许多就业机会，为产业转型带来新的契机。有人专门研究如何绿化，有人负责维护环境，原先的工人担当起导游，以亲身经历为游客介绍那些高度复杂的机器如何运转，如何成为带动德国发展的强大动力，相当一部分科研力量转向环保技术的研发与技术升级。经过几十年的努力，鲁尔区的经济结构转变取得了很大成绩。虽然欧盟范围内有31%的煤和11%的钢依然在鲁尔区开采或生产，但煤炭开采和钢铁工业等老工业已不在鲁尔整个经济中扮演重要角色。昔日林立的烟囱、井架和高炉已被农田、绿地、商业区、住宅区和展览馆等取代，机械与汽车制造、电子、环境保护、通讯、信息和服务业等新兴工业蓬勃发展，鲁尔区的经济重心逐步从第二产业转向第三产业。据统计,工业企业的产值占鲁尔区1999年总产值的27.8%,整个服务业占72.2%,2001年,只有30%的从业人员工作在第一、二产业。

鲁尔区的环境问题在经济结构转变过程中得到了根本治理。在这个地区已有自然保护区276个,自然保护区使大城市之间的空间地带相互连接,具有重要的生态学意义。全区共有绿地面积约7.5万公顷,平均每个居民130平方米。废弃的矸石山被培土植树铺草,矿井塌陷区被开辟成湖泊疗养地,昔日浓烟滚滚、黑尘满地的景象变成了郁郁葱葱一派田园风光。新生的鲁尔区投资环境与欧洲其他地区相比,不论是在硬件方面还是在软件方面都极具吸引力和竞争力。该地区的生活条件和水平在世界100个最大的工业区中名列第二位,在欧洲名列第一位。

这是典型的依赖不可再生资源的城市转型的故事。中国也有很多城市面临着同样的问题,但现在大都还没成功转型,比如鞍山、本溪、大庆、鄂尔多斯、神木等。不可再生资源都面临着枯竭的问题,要想可持续发展,只能依赖可再生的资源。

天然气、石油、煤矿、铁矿等矿产资源都是不可再生资源,它们用一些就少一些,不可能再重新产生。以铁矿为例,铁元素聚集成具有工业利用价值的矿床是一个漫长的地质历史过程,它们多形成于距今26~30亿年的太古时代。远古时期,成矿期均以亿年计算。与此相反,人类开采、消耗矿物却十分快速,一个矿区开采期仅为百年、数十年,甚至几年。因此,从人类历史的角度看,矿产是不可再生的。

什么是可再生资源

可再生资源,指可以重新利用的资源或者在短时期内可以再生,或是可以循环使用的自然资源。主要包括生物资源、土地资源、水资源、气候资源等。是经使用、消耗、加工、燃烧、废弃等程序后,能在一定周期(可预见)内重复形成的、具有自我更新、复原的特性,并可持续被利用的一类自然资源,与不可再生资源相对应。可再生资源中能用来做能源的，就是可再生能源，如风能、太阳能、水能、地热能、潮汐能等。

人们要把资源利用方向转向可再生资源的开发利用，这样可以有效地延缓不可再生资源（如煤、石油、天然气等化石燃料）的消耗速度以及资源逐渐匮乏的趋势。

但是可再生资源也不是随意不限量使用的，因为可再生资源都有再生能力的问题。比如森林资源在采伐后就需要一定的年限才能生长出来。再比如野生动物，一旦它的生存环境被破坏，其物种数量减少到一定程度后，它就不可能再维持自身的繁衍，只能灭绝，恐龙就是这样从地球上消失的。据统计，1600 年以来，有记录的动物和植物已灭绝 724 种。经粗略测算，400 年间，生物生活的环境面积缩小了 90%，物种减少了一半，其中由于热带雨林被砍伐对物种损失的影响更为严重。只有在我们控制开采量不超出其再生能力的条件下，才是“取之不尽，用之不竭”的。

从某种意义上讲，可再生资源也是不可再生资源，不可再生资源也是可再生资源，只是它们彼此转化的时间不同罢了。可再生资源就是再生周期短，不需要几百年的地壳运动，而不可再生资源需要经过上百年乃至上亿年才能形成并沉积。但是随着污染的加剧和生态的破坏，很多本来是可再生资源的资源，已经面临变成不可再生资源的危险，比如水污染正在威胁江河湖泊的水质，工业排放废气污染了空气，等等。

卡伦堡共生体系与循环经济、低碳经济、绿色经济

卡伦堡是一个仅有 2 万居民的工业小城市，位于丹麦北海之滨，哥本哈根以西 100 公里左右，是著名作家安徒生的故乡。在这个小镇上的 5 家企业之间，从 20 世纪 80 年代起自发形成了废物交换的网络，被称作“工业共生体系”，这是生态工业园的最早形态。这 5 家企业包括发电厂、炼油厂、生物工程公司、建筑材料公司和市政的供暖公司，它们之间由特殊的管道连接

在一起。在这个共生体系中,废水、从烟气中脱除的硫、余热等等都能够得到循环利用。而共生的结果是节约了大量的资源和能源,产生了巨大的经济效益。

卡伦堡共生体系的成功在全球引起了很大的反响,许多国家和地区纷纷效仿,构建类似的工业共生体系,称之为“生态工业园”。1994 年,生态产业园概念开始在美国受到关注。

在中国也有类似的努力。到目前为止已经有十几个省市、自治区编制了建设工业生态园的规划,并积极地付诸实施。山东省鲁北化工园是其中非常有代表性的案例。

山东鲁北企业集团总公司横跨了化工、建材、轻工、水产养殖、农产品加工等行业,是大型磷铵、硫酸、水泥联合生产的国家试点放大工程,以及百万吨氮磷钾复肥、离子膜烧碱、热电、合成氨的工程基地。该企业攻克了石膏制备水泥和硫酸的关键技术,实现了磷铵、水泥、硫酸的联合生产,使资源获得综合利用,成本大幅度下降,生态环境负荷减轻,企业效益也得到增加。另外还开发了综合利用海水资源的生产线,实施“盐、碱、化、养”一体化、多线滚动开发,建成百万吨规模盐场、10000 吨溴素厂和 5 万亩水产养殖场,实现了海水养殖、提溴、盐碱联产、提取钾镁盐产业链,开拓了海水资源综合利用的道路。

由于生产工艺的丰富多样性,生产领域的低物质化目前十分活跃,在这种趋势的影响下,大量的新技术、新产品正在不断地被创造出来,为协调经济发展与环境之间的矛盾提供了巨大的帮助。

循环经济、低碳经济、绿色经济

● 循环经济 ●

循环经济已经成为中国可持续发展道路的主要内容,是我国新型工业化道路的依托。中国的循环经济立法包括了 2003 年 1 月 1 日实施的《清洁生产促进法》和 2009 年 1 月 1 日实施的《循环经济促进法》。

低碳经济

低碳经济是指在可持续发展理念指导下，通过技术创新、制度创新、产业转型、新能源开发等多种手段，尽可能地减少煤炭、石油等高碳能源消耗，减少温室气体排放，达到经济社会发展与生态环境保护双赢的一种经济发展形态。

“低碳经济”最早见政府文件是在2003年的英国能源白皮书《我们能源的未来：创建低碳经济》中。作为第一次工业革命的先驱和资源并不丰富的岛国，英国充分意识到了能源安全和气候变化的威胁，它正从自给自足的能源供应走向主要依靠进口的时代，按2003年的消费模式，预计2020年英国80%的能源都必须进口。并且，气候变化的影响已经迫在眉睫，与循环经济概念相比，低碳经济更关注能源的问题，其他方面含义相近。

绿色经济

绿色经济一词源自英国环境经济学家皮尔斯于1989年出版的《绿色经济蓝图》一书。环境经济学家认为经济发展必须是自然环境和人类自身可以承受的，不会因盲目追求生产增长而造成社会分裂和生态危机，不会因为自然资源耗竭而使经济无法持续发展，主张从社会及其生态条件出发，建立一种“可承受的经济”。在绿色经济模式下，环保技术、清洁生产工艺等众多有益于环境的技术被转化为生产力，通过有益于环境或与环境无对抗的经济行为，实现经济的可持续增长。绿色经济的本质是以生态、经济协调发展为核心的可持续发展经济，是以维护人类生存环境，合理保护资源、能源以及有益于人体健康为特征的经济发展方式，是一种平衡式经济。

可见，低碳经济、绿色经济都是与循环经济含义相近的概念，只不过这三者提出的时间、角度不同而已，大多时候可以混用。

生态城市

相对于乡村来说，城市是人类聚居的高级形式，是人类文明发展的必然产物,也是人类文明的主要组成部分。但是城市的高速发展带来了严重的环境问题,如大气污染、水污染、垃圾围城、噪声污染、生态破坏、资源耗竭等。人们花了很多精力来寻求解决环境问题,尤其是在工程领域,建设了大量的污染治理设施,但仍然不能解决问题。于是人们开始思索是不是城市的发展方式出了问题?生态城市正是这一探索的结果。

“生态城市”这一概念是在20世纪70年代联合国教科文组织发起的“人与生物圈(MAB)”计划研究过程中提出的,一经出现,立刻就受到全球的广泛关注。

生态城市是按照生态学原则建立起来的社会、经济、自然协调发展的新型社会关系,是有效地利用环境资源实现可持续发展的新的生产和生活方式。狭义地讲,就是按照生态学原理进行城市设计,建立高效、和谐、健康、可持续发展的人类聚居环境,也是一个人工复合生态系统。

所谓人工复合生态系统,简单地说就是社会—经济—自然人工复合生态系统,蕴含社会、经济、自然协调发展和整体生态化的人工复合生态系统。具体地说,社会生态化表现为,人们拥有自觉的生态意识和环境价值观,人口素质、生活质量、健康水平和社会进步与经济发展相适应,有一个保障人人平等、自由、接受教育、人权和免受暴力的社会环境。经济的生态化表现为,采用可持续发展的生产、消费、交通和住居发展模式,实现清洁生产和文明消费,推广生态产业和生态工程技术。对于经济增长,不仅重视数量的增长,更追求质量的提高,提高资源的再生和综合利用水平,节约能源、提高热能利用率,降低矿物燃料使用率,研究开发替代能源,提倡大力使用自然能源。

生态城市的八项标准

- 广泛应用生态学原理规划建设城市,城市结构合理、功能协调;
- 保护并高效利用一切自然资源与能源,产业结构合理,实

现清洁生产;

- 采用可持续的消费发展模式,物质、能量循环利用率高;
- 有完善的社会设施和基础设施,生活质量高;
- 人工环境与自然环境有机结合,环境质量高;
- 保护和继承文化遗产,尊重居民的各种文化和生活特性;
- 关注居民的身心健康,有自觉的生态意识和环境道德观念;
- 建立完善的、动态的生态调控管理与决策系统。

生态城市的特点

● 和谐性 ●

生态城市的和谐性,不仅仅反映在人与自然的关系上,人与自然共生共荣,人回归自然,贴近自然,自然融于城市,更重要的在人与人之间的关系上。人类活动促进了经济增长,却没能实现人类自身的同步发展。生态城市是营造满足人类自身进化需求的环境,充满人情味,文化气息浓郁,拥有强有力的互帮互助的群体,富有生机与活力。生态城市不是一个用自然绿色点缀而僵死的人居环境,而是关心人、陶冶人的"爱的器官"。文化是生态城市重要的功能,文化个性和文化魅力是生态城市的灵魂。这种和谐乃是生态城市的核心内容。

● 高效性 ●

生态城市一改现代工业城市"高能耗""非循环"的运行机制,提高一切资源的利用率,物尽其用,地尽其利,人尽其才,各施其能,各得其所,优化配置,物质、能量得到多层次分级利用,物流畅通有序、住处快流便捷,废弃物循环再生,各行业、各部门之间通过共生关系进行协调。

● 持续性 ●

生态城市是以可持续发展思想为指导,兼顾不同时期、空间、合理配置资源,公平地满足现代人及后代人在发展和环境方面的需要,不因眼前的利益而以“掠夺”的方式促进城市暂时“繁荣”,保证城市社会经济健康、持续、协调发展。

整体性

生态城市不是单单追求环境优美或自身繁荣,而是兼顾社会、经济和环境三者的效益,不仅仅重视经济发展与生态环境协调,更重视对人类质量的提高,是在整体协调的新秩序下寻求发展。

区域性

生态城市作为城乡的统一体,其本身即为一个区域概念,是建立在区域平衡上的,而且城市之间是互相联系、相互制约的,只有平衡协调的区域,才有平衡协调的生态城市。生态城市是以人与自然和谐相处为价值取向的,就广义而言,要实现这一目标,全球必须加强合作,共享技术与资源,形成互惠的网络系统,建立全球生态平衡。

结构合理

一个符合生态规律的生态城市应该是结构合理的。合理的土地利用,好的生态环境,充足的绿地系统,完整的基础设施,有效的自然保护。

关系协调

关系协调是指人和自然协调,城乡协调,资源利用和资源更新协调,环境胁迫和环境承载能力协调。

生态城市建设的主要内容

城市生命

水资源利用

市区:开发各种节水技术节约用水;雨污水分流,建设储蓄雨水的设施，路面采用不含锌的材料，下水道口采取隔油措施等。并通过湿地等进行自然净化。

郊区：保护农田灌溉水；控制农业面源污染，禽畜牧场污染，在饮用水源地退耕还林；集中居民用地以更有效地建设、利用水处理设施。

能源

节约能源，建筑物充分利用阳光，开发密封性能好的材料，使用节能电器等；开发永续能源和再生能源，充分利用太阳能、风能、水能、生物制气。能源利用的最终方式是电和氢气，使污染达到最小。

交通

发展电车和氢气车，使用电力或清洁燃料；市中心和居民区限制燃油汽车通行；保留特种车辆的紧急通道。通过集中城市化、提高货运费用、发展耐用物品来减少交通需求；提高交通用地的利用效率；发展船运和铁路运输等。

绿地系统

打破城郊界限，扩大城市生态系统的范围，努力增加绿化量，提高城市绿地率、覆盖率和人均绿地面积，调控好公共绿地均匀度，充分考虑绿地系统规划对城市生态环境和绿地游憩的影响；通过合理布局绿地以减少汽车尾气、烟尘等环境污染；考虑生物多样性的保护，为生物栖境和迁移通道预留空间。

人居环境

生态建筑

开发各种节水、节能生态建筑技术，建筑设计中开发利用太阳能，采用自然通风，使用无污染材料，增加居住环境的健康性和舒适性；减少建筑对自然环境的不利影响，广泛利用屋顶、墙面、广场等立体植被，增加城市氧气产生量；区内广场、道路采用生态化的“绿色道路”，如用带孔隙的地砖铺地，孔隙内种植绿草，增加地面透水性，降低地表径流。

● 生态景观 ●

强调历史文化的延续，突出多样性的人文景观。充分发掘利用当地的自然、文化潜力（生物的和非生物的因素）以满足居民的生活需要；建设健康和多样化的人类生活环境。

● 生态产业 ●

生态产业是按生态经济原理和知识经济规律组织起来的基于生态系统承载能力，具有高效的经济过程及和谐的生态功能的网络型、进化型产业。它通过两个或两个以上的生产体系之间的系统耦合，使物质、能量能多级利用、高效产出，资源、环境能系统开发、持续利用。

生态产业注重改变生产工艺，合理选择生产模式。循环生产模式能使生产过程中向环境排放的物质减少到最低程度，实现资源、能源的综合利用。

生态产业规划通过生态产业将区域国土规划、城乡建设规划、生态环境规划和社会经济规划融为一体，促进城乡结合、工农结合、环境保护和经济建设结合；为企业提供具体产品和工艺的生态评价、生态设计、生态工程与生态管理的方法。

● 环境教育 ●

城市活动的最终主体是人，强调人人参与，普及对各层次、各行业市民的环境教育是创建生态城市的重要保障，也是生态城市规划的一个重要方面。典型做法是：① 为市场运作创造条件，通过与经济利益相结合，将环保事业推向市场；② 创造合作机会，如学校、机关和社区等，扩大社会影响；③ 深入宣传生态思想，转化为每个人日常生活中的切实行动；④ 通过政策、法令强制执行。

与国际上的生态城市相比,中国的生态城市建设远达不到国际标准,建设成效有限。这主要是由于我国的生态城市规划建设中存在诸多问题,如生态城市建设规划的编制和管理有待完善,生态城市规划未充分意识到地区差异显著的现状,生态规划的制定与实施脱节。另外,我国生态城市建设评价指标的选取和定值缺乏地域特色;评价指标体系缺乏动态性;当前指标体系未能很好地反映出环境、经济和社会三者之间的有机联系;地方政府将生态城市建设作为政绩工程,生态城市流于形式;生态城市的规划建设中,更加缺乏公众参与的机制。诸多问题的存在严重制约了我国生态城市建设的进程。

环境管理与环境立法

环境管理

简单地说,环境管理就是人类通过一些手段和方法来控制人类自身的行为(或者观念),来减少或者消除人类的发展活动对环境造成的损害,保证人与环境能够持久地、和谐地发展下去。中国的环境管理始于20世纪70年代,通过法律法规及政策的制定、成立专门环境保护机构,致力于环境和资源的保护。中国1973年建立了专门的环境保护机构,1979年制定了《中华人民共和国环境保护法(试行)》,随后建立了一系列法律制度——《中华人民共和国环境保护法(2014年修订)》《中华人民共和国海洋环境保护法(2013年修正)》《中华人民共和国环境影响评价法(2002年)》《中华人民共和国水污染防治法(2008年修订)》《中华人民共和国大气污染防治法(2000年修订)》《排污费征收使用管理条例》《排污费征收标准管理办法》《规划环境影响评价条例》等环境保护相关的法律、行政法规、部门规章百余部。这些法律法规主要集中在"污染防治"和"自然环境与资源的保护"两个方面,以环境质量的保护、防治和改善为主要任务,这类法律法规统称为“环境法”，环境法是环境管理的重要法律手段。

环境立法

中国的环境领域的专门立法从 1979 年试行的《环境保护法》开始，这是环境保护领域的基本法，这部法律在正式实施了 20 多年后，2012 年开始讨论修改，经过两年时间的讨论和四次审议，终于在 2014 年 4 月颁布了修订案——修订后的《环境保护法》被称为“史上最严环保法”，对企业要求更严，特别是首次规定“按日计罚”的严厉措施，对地方政府要求更严，明确了环保直接与干部考评挂钩，对行政监管部门要求更严，列举了九种失职渎职行为，并规定了严厉的行政问责措施。此外，严重的污染环境行为还可能造成污染环境罪——这是《中华人民共和国刑法修正案（八）》做出的规定，因污染环境犯罪的，最高可获刑 7 年。

污染环境罪的一个典型案例是江苏泰兴“12. 19”重大环境污染案，2011 年至 2013 年，被告人戴某、姚某等人买来专门的车辆、船舶，与泰兴市数家化工企业联系，他们运走这些企业产生的副产盐酸、硫酸，企业每吨“补贴”给他们 20 ~ 100 元不等。戴某等 14 人把收购来的盐酸、硫酸，通过槽罐车、危险品运输船直接倒入内河，共处理废酸 2 万余吨，造成了严重的环境污染。2014 年 8 月，泰州泰兴市人民法院以环境污染罪判处涉案的 14 人有期徒刑 2 至 5 年不等，并处罚金 16 万至 41 万元。随后，泰州市环保联合会又以公益组织身份，向江苏省泰州市中级人民法院提起环境公益诉讼，理由是它们雇佣没有处理资质的人员承接废酸处理业务，导致了严重水环境污染。2014 年 12 月 30 日，该案最终判决 6 家化工企业赔偿环境损失共计 1.6 亿元。这起“天价”环境赔偿案是新环保法实施前夕的一记“重拳”，敲响了企业提高保护环境意识的警钟。

环境监测

环境监测，是环境管理工作的一个重要组成部分，它通过技术手段，对环境质量要素的代表值进行测定，以把握环境质量的状况，获取环境管理的基础数据。通过长时期积累的大量环境监测数据，可以判断某个地区的环境质量状况是否符合国家的规定，预测环境质量的变化趋势，进而可以找出该地区的主要环境问题及其主要原因。在此基础上才能提出相应的治理方案、控制方案、预防方案等一整套的环境管理办法。所以说，环境监测是环境管理的基础性工作，也是经常性的、制度化的工作。另外，通过环境监测还可以不断发现新的和潜在的环境问题，掌握污染物的迁移、转化规律，为环境科学研究提供启示和可靠的数据。

环境监测要遵循一定的程序，首先是进行现场调查与资料收集，主要调查区域内各种污染源的情况以及自然社会特征；其次要确定监测项目，进行监测点布设以及采样时间和方法的确定；最后进行数据处理和分析，形成结果报告。

北京市环境保护监测中心是中国最早成立的专业化的环境监测机构之一，是国家环境监测一级站，监测中心的主要职责是负责全市范围内大气、水、噪声、土壤、生态等环境要素的环境质量监测、各类污染源监测、突发污染事故的应急监测。该监测站实时发布北京的空气质量状况，发布 $PM_{2.5}$、二氧化硫、二氧化氮、臭氧、一氧化碳、PM_{10}等污染物的实时浓度。

公民环境权

公民环境权是指公民享有的在不被污染和破坏的环境中生存及利用环境资源的权利。1970 年发表的《东京宣言》将公民环境权作为一项基本人权在法律中确立下来，此后，1972 年，联合国在瑞典首都斯德哥尔摩召开人类环境会议，会议通过的《人类环境宣言》提出：人人有在尊严和幸福的优良环境里享受自由、平等和适当生活条件的基本权利。

公民环境权是一项基本人权，它的核心是生存权，它的内涵十分丰富，包括清洁空气权、清洁水权、免受过度噪声干扰权、风景权、环境美学权，等等。也就是说，呼吸干净的空气、饮用清洁的水、享受美好的风景，这都是人类应该享有的基本权利，如果这样的权利受到了破坏，那么这些“破坏者”需要承担相应的责任。于是，法律中出现了环境公益诉讼的内容——美国 1970 年《清洁空气法》规定：“在法定条件下，任何人可以以自己的名义，对污染者或联邦环保局长起诉。”由于赋予了普通社会民众起诉的权利，美国的这种诉讼被称为“公民诉讼”。

塞拉俱乐部诉莫顿案是公民诉讼的一个典型判例。该案起因于联邦政府许可公司在一块联邦所有的土地上建设滑雪场。内华达山脉的美洲杉国家公园内有一个风景秀丽的峡谷，名为矿金河谷。1926 年 7 月，国会颁布特别法把它划为国家禁猎区。它的相对不易接近以及缺乏开发限制了每年来这里旅游的人数，而这种很少被人类文明涉足的状况也保持了其作为茫茫荒野的本色。20 世纪 40 年代后期，美国政府决定在矿金河谷建设和经营一个滑雪胜地。迪士尼公司从六个竞标者中脱颖而出，获得了对该峡谷进行滑雪胜地建设总体规划及其相关活动的许可。1969 年 1 月，林业局批准了迪士尼公司的最终计划，即在该峡谷范围内建设一个占地 32.4 公顷的大项目，包括汽车旅馆、饭店、游泳池、停车场等。另外，还需要建设一条长约 30 公里的穿越美洲杉国家公园的高速公路和为滑雪场供电的高压输电线路，这需要并且也得到了内政部的批准。

对此建设项目，塞拉俱乐部向法院起诉美国内政部长莫顿，认为保护国家公园、禁猎区和国家森林是其宗旨，内政部和林业局的许可破坏了矿金河谷的自然风貌。加州北部联邦地区法院支持了原告请求，但第九巡回上诉法院认为原告并未受到任何损害，因此没有原告资格。塞拉俱乐部向联邦最高法院申请调卷令，并得到许可。联邦最高法院认为，“美学、环境保护和娱乐损害”也是“事实损害”的一种，这符合认定诉讼资格，塞拉俱乐部足以作为公众代表提起诉讼。该案却在两个方面扩展了美国的环境公益诉讼的原告资格：事实损害不限于经济利益损害，也包括美学等非经济利益损害。

上案所提及的即环境美学权,这种权利以判例的形式被确定了下来。

在中国,2015 年 1 月 1 日生效的《环境保护法》也规定了环境公益诉讼的内容:对于环境污染、生态破坏的行为,环保社会组织可以提起公益诉讼。于是,民间环保组织自然之友把福建南平市的四位开矿毁林的人告上了法庭,要求他们恢复被毁林的山头的植被,并且赔偿损失近 300 万元,这是新环保法生效后被立案的第一起环境公益诉讼案件。

中国的环境公益诉讼与美国的公民诉讼相比,在原告资格上还存在不同——在美国,公民个人也可以提起环境公民诉讼,而我国只有环保社会组织才可以作为环境公益诉讼的原告资格。尽管如此,在面对身边的环境污染、生态破坏事件的时候,我们仍然可以通过举报、投诉等方式,通知环境保护部门,或者积极向环保社会组织提供环境污染案件的线索,为环保社会组织提起环境公益诉讼提供案源。

公众参与(环境 NGO)

圆明园铺膜防渗事件

2005 年 3 月底,到北京出差的兰州学者张正春在游览圆明园时,意外地发现圆明园的湖底、河道正在大规模铺设防渗膜,"这是一次毁灭性的生态灾难和文物破坏"。随后,媒体对此事进行了大量报道,《人民日报》在"视点新闻"版头条位置刊发了题为"圆明园湖底正在铺设防渗膜,保护还是破坏,有专家认为将引发生态灾难,后果不堪设想"的报道。当天就有许多网站纷纷转载。媒体的关注和"热炒"是圆明园事件的起点,媒体积极主动地介入、调查和评论在该事件中充分发挥了舆论监督作用,为不同的声音和争论提供了让社会知晓的途径。随后,"自然之友”“地球村”等七家环保组织联名发布了《支持政府针对圆明园铺设防渗膜事件举行听证会的声明》，明确表达了民间环保组织在此事件中的态度，并希望能通过重新为圆明园定位、设立联合管理机制等手段促进圆明园事件的妥善解决。2015 年 4 月 6 日，国家环保总局宣布，将于 4 月 13 日上午 9 时举行听证会，就北京圆明园遗址公园湖底防渗工程项目的环境影响问题，听取专家、社会团体、公众和有关部门的意见。

参加听证会的 73 名代表中，年龄最小的只有 11 岁，年龄最大的有 80 多岁。参加的单位中有 8 个行政机关，12 个社会团体，现场采访的有 40 多家新闻单位。“自然之友”总干事薛野出席听证会并做了发言，他出示了防渗工程损害生态的证据，并且提出了对防渗工程的建议。

由于利益诉求并不一致，各方围绕上述问题展开了激烈的争论，各种观点的展示和碰撞通过新华网和人民网的网络直播在第一时间传送给社会公众。言辞激烈处，甚至有代表中途退场。在听证会发言的 29 人中，有一大半明确反对圆明园铺设防渗膜。

这是中国《环境影响评价法》2003 年 9 月 1 日实施以来举行的第一次听证会，在中国环境保护乃至民主法治的历史上，都具有里程碑式的重大意义。可以说，这是中国第一个真正意义上的国家级听证会。听证会结束后，防渗工程的环境影响评价终于提上日程，环评机构的选择也一波三折，最终由清华大学的环评机构承接，联合有关单位组织多学科专家成立环评工作组。环评工作在清华大学的牵头下，由北京师范大学、中国农业大学、首都师范大学、北京市勘察设计研究院等协助编制，历时 40 天时间完成了《圆明园东部湖底防渗工程环境影响报告书》。7 月 5 日，国家环保总局在网站上公布了环境影响评价报告的全本，这份数万字的报告对防渗膜对湖底生态的影响做了综合评估，基于这份环评报告，两天后，环保总局做出了对防渗工程全面整改的决定，“整改令”发布以后，圆明园的整改过程并未对公众公开，整改工程在密闭的环境下进行。直到2006年7月，整改工程由北京市环保局验收。

媒体、普通民众、专家、民间环保组织的积极参与和配合，是推动圆明园事件正面发展的重要力量。公众参与是法律赋予公民的权利，也是我们维护自身环境权利的“武器”，申请参加听证会、在听证会上发表意见、给政府部门寄送建议信、向政府部门申请信息公开，这些行为都是法律规定的公民权利，也是公民参与社会治理的合理义务。

所谓公众参与，指的是群众参与政府管理公共事务中的权利。环境保护是公共事务中重要的组成部分。阳光、空气、土壤、水等，这是全社会共有的“自然财产”，社会公众有权参与环境问题的治理中。近年来，环境领域的公众参与越来越受到重视，2015年4月，环境保护部就《环境保护公众参与办法（试行）》公开征集意见，鼓励公民积极参与环境保护的政策法规制定、环境影响评价、重大环境事件调查处理等事务中。

公众参与环境治理需要形成合力，需要组织平台，民间环保组织应运而生——这类组织在国外被称为Non-government Organization，即NGO。翻译成中文就是“非政府组织”，但我国官方更习惯称呼其为“民间组织”或者“社会组织”，指的都是这种非盈利的、具有社会性的非政府组织。但长期以来，我国的环保社会组织非常欠缺，即使是在1992年联合国环境与发展大会召开后，环境保护问题得到了全球共同关注，而此时的中国还是只有一家民间自发的地方性环保组织——辽宁省黑嘴鸥保护协会。随后，1994年，梁从诫、杨东平、梁晓燕和王力雄作为发起人，在北京成立了“自然之友”。这是中国第一家全国性的自发成立的民间环保组织，早期的自然之友汇聚了一大批有社会理想的人文社科背景的知识分子，如教师、作家和记者等，他们希望能够通过环保组织的平台来推动环境保护。

中国的环境NGO除了类似于“自然之友”的草根组织外，还有许多具有官方背景的组织,比如中华环保联合会以及各省市的环保联合会、中国生物多样性保护与绿色发展基金会、中国生态文明研究与促进会,等等,这些组织归环保部门主管,但其性质也是社会组织,在环境保护领域同样发挥着重要作用。总体来说,中国的环境 NGO 分为三类:社会团体、民办非企业单位以及基金会。

社会组织的主要参与者是公民,因此提升公民意识,培养公民责任感,显得尤其重要。公民通过组织化的参与过程,表达自己的意愿和诉求,而社会组织的存在正是在鼓励和推动公民参加从国家层面到公民社会层面再到城乡社区层面的公共事务管理。通过社会组织对公民意识的指导和教育,使公民不再认为"民主参与"是一种崇高的理念,而是把它作为一种正常的社会生活方式,让这种参与意识融入自己的日常生活,只有这样才能实现真正意义上的社会民主管理。社会组织搭建了广阔的平台,加快了公民参与公共事务的进程。

环境标志与绿色产品

环境标志

中国环境标志图案

环境标志是一种印刷在产品包装上的证明性标志,拥有环境标志的产品在生产、使用、消费及处理过程中符合中国的环境保护要求,一般具有低毒少害,节约资源等环境优势,对生态环境和人类健康均无损害。

环境标志起源于 20 世纪 70 年代末的欧洲,在国外也被称为"生态标签"。中国是从

1994 年开始推行环境标志的,中国环境标志产品认证委员会代表国家对绿色产品进行权威认证,并授予产品环境标志。

绿色产品

国际上对“绿色”的理解通常包括生命、节能、环保三个方面。绿色产品与传统产品相比,一个最重要的基本标准就是符合环境保护要求。绿色产品就是在其生命周期全程(从设计、生产到使用、丢弃)中,符合环境保护要求,对生态环境无害或危害极少,资源利用率高、能源消耗低的产品,主要包括企业在生产过程中选用清洁原料、采用清洁工艺;用户在使用产品时不产生或很少产生环境污染;产品在回收处理过程中很少产生废弃物;产品应尽量减少材料使用量,材料能最大限度地被再利用。

在我们的生活中,应该做到绿色消费:节约资源,减少污染。如节水、节纸、节能、节电,外出时尽量骑自行车或乘公共汽车,减少尾气排放,等等;选择那些低污染低消耗的绿色产品,重复使用,多次利用。尽量自备购物包,自备餐具,尽量少用一次性制品。在生活中尽量地分类回收,像废纸、废塑料、废电池等,使它们重新变成资源。

全球环境治理

全球环境治理是指通过具有约束力的国际规则(比如国际环境公约)解决全球环境问题。在全球环境治理中,国家不再是唯一的行为主体,许多政府间的、非政府间的环境组织也发挥了重要作用。

世界自然基金会(WWF)就曾经在 1989 年《濒危野生动植物种国际贸易公约》第七届成员国大会上,在关于提高非洲象的保护等级的议题上,向大会和各成员国提交了一份批驳公约秘书处的“独立法律意见”,并利用其观察员身份把此问题列入了大会的议程,最后,大会决定将非洲象从附录二升至附录一。

绿色和平组织(Greenpeace)反对商业捕鲸的行动也是国际环境组织的典型案例。现代捕鲸技术已经使许多种类的鲸鱼濒临灭绝。1972年,在联合国人类环境会议上,与会代表们发出了一个几近一致的呼声——在十年内,中止商业捕鲸。然而,这个呼吁遭到了当时几个捕鲸大国的拒绝,包括日本、冰岛、挪威和苏联。绿色和平组织希望能够引发对中止商业捕鲸的关注,1975年,绿色和平遭遇苏联捕鲸船,绿色和平工作人员乘坐气垫船挡在一头鲸与鱼叉中间,然而捕鲸船上的枪手不顾绿色和平工作人员的人身危险,照样瞄准射击,鱼叉擦过绿色和平工作人员的头顶,击中鲸身。这一瞬间被捕捉下来,并迅速在世界各地传播,促使国际社会立即采取行动,反对捕鲸。1985年,在全球公众的大力支持之下,绿色和平向国际捕鲸委员会递交了一百万个签名,呼吁禁止捕鲸。一年之后,国际捕鲸委员会(IWC)颁布的全球商业捕鲸禁令正式生效。1993年绿色和平向美国政府递交了两百万个签名,呼吁设立南大洋禁捕鲸区。1994年,捕鲸抗议行动取得了另一项重大胜利。IWC设立了“南大洋鲸类保护区”。这片保护区面积绵延1800平方公里,全球90%的鲸鱼分布在这里捕食与繁殖,保护区设立后,在此区域捕鲸,都被列为非法行为。2005年12月至2006年2月,绿色和平“希望号”和“极地曙光号”在南大洋联合行动。经过29天与日本捕鲸船队的交锋,挽救了82条鲸的生命。

2015年,世界自然保护联盟(IUCN)召集了一组鲸类研究的科学家向俄罗斯总理普京发出了一封公开信,希望引起人们对俄罗斯东部石油开采活动透明度缺乏的注意,因为这些活动可能会严重影响已经濒危的西太平洋灰鲸种群。

然而,回顾这半个世纪的捕鲸和反捕鲸行动,令人惋惜的是,尽管商业捕鲸已大幅减少,但没有相应迹象表明,鲸鱼的数量有所恢复。这是因为经受了几经起伏的捕鲸潮的摧残,鲸鱼的种类已经走到了灭绝的边缘。因此,直到今天,绿色和平等国际环保组织依然在组织拯救鲸鱼的抗议活动。

这些国际环境组织具有技术专长和信息优势，并且具有不同于国家政府的第三方独立性，在全球环境治理中有着特殊的“权威”，正在成为一股新生的、不可替代的力量。